AF596981

ENSEIGNEMENT

AGRICOLE ET HORTICOLE

OUVRAGES ÉLÉMENTAIRES

RELATIFS A L'ENSEIGNEMENT AGRICOLE ET HORTICOLE.

Agriculture et Jardinage, à l'usage des écoles, par *M. Gillet-Damitte*, inspecteur de l'instruction primaire (Bibliothèque usuelle, n° 17) : 2e édition ; in-18, *avec gravures*, *br.* 20 c., *cart.* 25 c.

Leçons élémentaires d'Agriculture, par *M. Ysabeau*, agronome : 4e édition ; in-12, *avec gravures dans le texte*, *cart.* 2 f.

Leçons élémentaires d'Horticulture, par *M. Ysabeau*, agronome : 4e édition ; in-12, *avec gravures*, *cart.* 1 f. 50 c.

Leçons primaires d'Arpentage, par *M. Gillet-Damitte*, inspecteur de l'instruction primaire : 2e édition ; 1 vol. in-12, en trois parties, *figures*, *cart.* 3 f.

Le Père Éloi, ou les Causeries d'un vieux laboureur sur l'agriculture et l'histoire naturelle, par *M. Ysabeau*, agronome ; 1 vol. in-12, *cart.* 1 f. 25 c.

Manuel d'Histoire Naturelle, par *M. J. Langlebert*, professeur de sciences physiques et naturelles à Paris : 16e édition ; 1 vol. in-12, *avec 300 gravures dans le texte*, *br.* 3 f. 50 c.

Manuel de Chimie, par *M. J. Langlebert* : 16e édition ; 1 fort vol. in-12, *avec 125 gravures dans le texte*, *br.* 3 f. 50 c.

Manuel de Physique, par *M. J. Langlebert* : 16e édition ; 1 fort vol. in-12, *avec 250 gravures dans le texte*, *br.* 3 f. 50 c.

Notions d'Histoire Naturelle applicables aux usages de la vie, par *M. Henri Regodt*, ancien professeur ; 1 vol. in-12, *avec gravures dans le texte*, *cart.* » f.

Notions de Chimie applicables aux usages de la vie, par *M. Honoré Regodt*, ancien professeur à l'association philotechnique de Paris : 7e édition ; in-12, *avec 42 gravures dans le texte*, *cart.* 1 f. 50 c.

Notions de Physique applicables aux usages de la vie, par *M. Honoré Regodt* : 8e édition ; in-12, *avec 174 gravures dans le texte*, *cart.* 2 f.

Petite Agriculture des Écoles, suivie de notions d'Horticulture, simples leçons sur la culture des champs et des jardins et leurs principaux produits, par *M. le docteur Saucerotte* ; in-18, *avec gravures dans le texte*, *cart.* 75 c.

Petite Histoire Naturelle des Écoles, simples leçons sur les minéraux, les plantes et les animaux, par *M. le docteur Saucerotte* : 5e édition ; in-18, *avec gravures dans le texte*, *cart.* 75 c.

Petite Physique des Écoles, simples leçons sur les applications de cette science aux usages de la vie, par *M. le docteur Saucerotte* : 5e édition ; in-18, *avec gravures dans le texte*, *cart.* 75 c.

Petite Hygiène des Écoles, simples leçons sur les soins que réclame la conservation de la santé, par *M. le docteur Saucerotte* : 5e édition ; in-18, *cart.* 75 c.

ENSEIGNEMENT AGRICOLE ET HORTICOLE.

RAPPORT

PRÉSENTÉ A LA COMMISSION

CHARGÉE D'ÉTUDIER ET DE PROPOSER LES MESURES NÉCESSAIRES POUR DÉVELOPPER LES CONNAISSANCES AGRICOLES ET HORTICOLES DANS LES ÉCOLES NORMALES PRIMAIRES, LES ÉCOLES COMMUNALES ET LES COURS D'ADULTES DES COMMUNES RURALES.

DÉPOT LÉGAL
Seine
Nº 5473
1867

PARIS.

IMPRIMERIE ET LIBRAIRIE CLASSIQUES

De JULES DELALAIN et FILS

RUE DES ÉCOLES, VIS-A-VIS DE LA SORBONNE.

Avril 1867.

RAPPORT

PRÉSENTÉ A LA COMMISSION

INSTITUÉE POUR LE DÉVELOPPEMENT

DE L'ENSEIGNEMENT AGRICOLE[1].

Le 8 avril, la Commission instituée par le décret du 12 février 1867 a tenu sa première séance au ministère de l'instruction publique.

Il a été d'abord donné lecture du rapport à l'Empereur et du décret qui a constitué la Commission. Voici le texte de ces deux documents :

Rapport à l'Empereur.

« Sire, l'agriculture, comme toutes les grandes industries, est appelée à profiter de plus en plus de la vulgarisation des découvertes et des procédés scientifiques qui peuvent accroître les forces de l'homme ou augmenter la fécondité de la terre. Dans les pays où la grande propriété a conservé son importance, comme en Angleterre, le progrès agricole peut s'accomplir par la direction supérieure que donnent à la culture des propriétaires riches et éclairés. Des exemples semblables sont donnés en France ; mais la division de la propriété y a amené ce résultat particulier, que le travail agricole s'accomplit sur une grande partie du territoire par les mains du propriétaire lui-même. On ne saurait trop louer l'activité qu'il déploie pour améliorer son modeste patrimoine ; mais, s'il ne ménage pas son travail et ses fatigues, on doit reconnaître que, livré à lui-même, il est trop souvent enclin à des pratiques agricoles imparfaites, et qu'il a besoin d'instruction pour tirer le meilleur parti possible de son rude labeur. De nos jours, il est vrai de dire que, dans les campagnes comme dans les villes, sur le sol comme dans l'atelier, c'est l'ouvrier intelligent et instruit qui produit le plus et qui travaille le mieux.

1. Le ministre recevra avec reconnaissance les communications que voudraient bien lui faire les personnes qui, après la lecture de ce rapport, auraient de nouveaux renseignements à lui adresser sur la question de l'enseignement agricole.

« Le progrès et la prospérité de l'agriculture se lient donc étroitement au développement et à la bonne direction de l'instruction primaire. L'enquête agricole ordonnée par Votre Majesté vient de mettre de nouveau cette vérité en lumière.

« Les procès-verbaux de l'enquête et les rapports des présidents s'accordent à signaler à l'attention du gouvernement le levier puissant que l'instruction primaire dirigée vers l'agriculture peut donner à la première de nos industries nationales.

« Les observations consignées dans l'enquête portent sur trois points principaux :

« 1° L'instruction à donner aux instituteurs dans les écoles normales primaires ;

« 2° L'instruction à donner aux enfants dans les écoles communales ;

« 3° L'instruction à donner aux adultes dans les cours spéciaux appropriés aux besoins et aux travaux de l'agriculteur.

« La commission supérieure, chargée par Votre Majesté de résumer les résultats de l'enquête agricole, aura à délibérer sur ces questions importantes; mais elle ne pourrait les résoudre sans la participation du ministère de l'instruction publique.

« En effet, c'est dans les écoles normales primaires que doivent se former des instituteurs capables de populariser des connaissances utiles qui, dans la vie des champs, sont à la fois une distraction et une source de profit. Beaucoup d'entre eux ont déjà prouvé qu'ils pouvaient diriger l'école primaire et consacrer quelques soirées à des cours destinés aux adultes.

« Dans les écoles communales, les exercices de l'enseignement, la lecture, l'écriture, les dictées, les récitations, peuvent porter utilement sur les premières notions de l'agriculture. Il est bon d'entretenir chez les enfants élevés dans la campagne l'habitude et le goût de la profession paternelle. Il faut leur apprendre de bonne heure que l'agriculture est le plus ancien et le premier des arts utiles, que tous les peuples l'ont honorée, et que ceux qui ont contribué à ses progrès sont comptés parmi les bienfaiteurs de l'humanité.

« Les cours d'adultes viendraient développer plus tard les connaissances acquises dans le premier âge. Dans les longues soirées d'hiver, le petit propriétaire et l'ouvrier agricole pourraient recevoir des notions d'histoire naturelle, de chimie agricole, de géométrie élémentaire, qui trouvent leur application immédiate dans la fabrication et l'emploi des engrais, le choix des cultures et des assolements, les travaux de nivellement et d'irrigation.

« En présence de ces opinions et de ces vœux, exprimés par les hommes les plus dévoués aux intérêts de l'agriculture, j'ai dû me concerter avec mon collègue de l'instruction publique, qui me manifestait, de son côté, le désir de prendre connaissance de tous les documents qui, dans l'enquête agricole, pouvaient se rattacher à l'instruction primaire. Son Exc. M. Duruy était allé lui-même au-devant des vœux qui se sont produits dans cette enquête, et je demande à Votre Majesté la permission de mettre sous ses yeux la lettre qui m'était adressée par mon collègue le 4 février dernier : « Je vous ai entretenu de l'enquête scolaire que je fais « faire par les soins des recteurs et des inspecteurs d'académie, au sujet « des moyens à employer pour répandre le mieux et le plus promptement « possible les connaissances agricoles dans notre pays. Je mets au service « de cette pensée nos quatre-vingts écoles normales, qui ont toutes un « terrain plus ou moins grand pour des expériences d'horticulture et « même d'agriculture ; nos quarante mille écoles primaires, dont vingt-« sept mille ont un jardin potager ; nos trente mille cours d'adultes, où « de très-utiles notions pourraient être données à des hommes en âge et « en état d'en tirer immédiatement parti ; même nos établissements « d'enseignement secondaire spécial, où se fait un cours d'agriculture, « que je cherche à combiner avec celui des écoles normales ; enfin, ceux « d'enseignement supérieur, où se trouvent des chaires de chimie agri-« cole, qui ont déjà rendu de très-sérieux services. »

« En cherchant à développer les conditions de solidarité qui doivent exister entre l'agriculture et l'instruction primaire dans les campagnes, mon collègue et moi nous nous sommes inspirés également des intentions manifestées hautement par Votre Majesté dans plusieurs occasions solennelles.

« Tous mes efforts doivent être dirigés vers ce but, que l'Empereur a signalé à ma sollicitude, et j'espère répondre à sa pensée en lui proposant, d'accord avec M. le ministre de l'instruction publique, le projet de décret que je joins au présent rapport.

« Je suis avec le plus profond respect, Sire, de Votre Majesté le très-humble, très-obéissant serviteur et fidèle sujet.

« *Le ministre de l'agriculture, du commerce et des travaux publics,*

« DE FORCADE. »

Décret du 12 février 1867.

« NAPOLÉON, par la grâce de Dieu et la volonté nationale, Empereur des Français, à tous présents et à venir, salut :

« Sur le rapport de notre ministre de l'agriculture, du commerce et des travaux publics,

« Avons décrété et décrétons ce qui suit :

« Art. 1er. Une commission, présidée par nos ministres de l'instruction publique et de l'agriculture, du commerce et des travaux publics, est chargée d'étudier et de proposer les mesures nécessaires pour développer les connaissances agricoles dans les écoles normales primaires, dans les écoles communales et dans les cours d'adultes des communes rurales.

« Art. 2. Sont nommés membres de cette commission :

MM. Dumas, sénateur, inspecteur général de l'enseignement supérieur, *vice-président ;*
Monny de Mornay, directeur de l'agriculture ;
Josseau, député ;
Guillaumin, député ;
de Benoist, député ;
Charles Robert, conseiller d'État, secrétaire général du ministère de l'instruction publique ;
de Kergorlay, membre de la société d'agriculture ;
Wolowski, membre de la société d'agriculture ;
Pillet, chef de la division de l'enseignement primaire au ministère de l'instruction publique;
Chambellant, inspecteur général de l'agriculture;
Baudouin, membre du conseil général du Doubs, inspecteur général de l'enseignement primaire.

M. Gandon, chef de bureau au ministère de l'instruction publique, remplira les fonctions de secrétaire.

« Art. 3. Nos ministres de l'instruction publique et de l'agriculture, du commerce et des travaux publics sont chargés, chacun en ce qui le concerne, de l'exécution du présent décret.

« Fait au palais des Tuileries, le 12 février 1867.

« NAPOLÉON.

« Par l'Empereur :

« *Le ministre de l'agriculture, du commerce et des travaux publics,*

« DE FORCADE. »

« *Le ministre de l'instruction publique,*

« V. DURUY. »

Communication faite de ces deux documents, M. Gandon, secrétaire de la Commission, a lu le rapport suivant.

Rapport à la Commission.

Ire Partie.

Mesures prises jusqu'à présent pour organiser l'Enseignement agricole ; moyens d'action de l'administration de l'instruction publique.

L'enseignement agricole présente deux branches distinctes : *enseignement classique, enseignement professionnel.* A la fois théorique et pratique, l'enseignement agricole professionnel concerne spécialement ceux qui veulent se livrer à l'agriculture, et il est donné dans plusieurs établissements : *instituts agricoles, fermes-écoles, écoles d'irrigation, de drainage, de sériciculture,* ou de toute autre branche de l'art cultural ; *colonies d'orphelins et pénitenciers agricoles.*

Restreint à certains principes généraux, l'enseignement agricole classique s'adresse à l'enfant et au jeune homme, dans les classes tant de l'enseignement primaire que de l'enseignement secondaire ; il répond à ce que disait Olivier de Serres : « Le fruit de l'agriculture étant commun et salutaire à toutes sortes de personnes, aussi de tous les hommes cette belle science doit estre entendue. »

Mais comme, dans tout pays en voie de civilisation, les villes sont les centres où se fait en premier lieu l'organisation de chaque service public avant de devenir rural, l'enseignement primaire a d'abord été urbain, et c'est dans les villes qu'il a reçu les premiers perfectionnements. Par suite, les programmes et les règlements des écoles primaires se sont trouvés jusqu'ici mieux en rapport avec les besoins des populations urbaines qu'avec ceux des populations rurales.

La nécessité de perfectionner cet enseignement dans ses applications aux classes agricoles est reconnue de toutes parts.

L'administration de l'instruction publique s'en est même déjà occupée depuis la loi de 1833, à propos de l'enseignement dans les écoles normales et du projet de loi présenté à la chambre des députés le 12 avril 1847.

La loi organique du 15 mars 1850 a mis l'agriculture au nombre des parties facultatives de l'enseignement, et le règlement du 31 juillet 1851, rendu en exécution du décret du 24 mars précédent, a tracé le programme des questions agricoles et horticoles que les élèves-maîtres sont tenus d'étudier. En 1853 et 1854, l'Empereur a fait faire, aux frais de sa cassette particulière, divers essais pour l'application du principe.

En 1856, le ministre de l'instruction publique a pris des mesures pour que des cours d'agriculture pussent être annexés aux écoles normales plus facilement que par le passé. En plusieurs circonstances, il a accordé des encouragements aux instituteurs ruraux qui donnent à leurs élèves des notions d'agriculture et de jardinage. Des préfets, des recteurs et des sociétés savantes ont encouragé de même les instituteurs, et, grâce à ces efforts, un certain nombre d'essais heureux ont été réalisés.

En 1864, les instituteurs se sont prononcés eux-mêmes en faveur de ce perfectionnement. Tel est, en effet, le sens dans lequel ont écrit non-seulement les premiers lauréats du concours ouvert en 1860, par le ministre de l'instruction publique, sur les améliorations à apporter à l'enseignement primaire, mais encore la plupart des 5,940 concurrents qui ont pris part à cette lutte.

Une circulaire du 24 décembre 1864 a organisé l'inspection de l'enseignement agricole dans les écoles normales par les inspecteurs généraux de l'agriculture. Cet enseignement n'était donné qu'aux élèves de troisième année; le décret du 2 juillet 1866 l'a réparti dans les trois années d'études pour qu'il devînt, pendant toute la durée du séjour des élèves à l'école, une partie essentielle de leurs travaux. Une circulaire du 12 janvier 1867 a invité les recteurs à faire une enquête sur les résultats obtenus, et elle appelle l'attention de tous les membres de l'enseignement primaire sur la nécessité de s'occuper de cette importante question.

Enfin, la loi du 21 juin 1865, portant organisation de l'enseignement secondaire spécial, a placé au nombre des matières obligatoires de cet enseignement : la géographie, la physique, la mécanique, la chimie, l'histoire naturelle et leurs nombreuses applications à l'agriculture. Aussi les programmes arrêtés en conseil impérial le 6 avril 1866 comprennent-ils des cours complets d'agriculture, d'économie rurale et de comptabilité agricole.

Depuis longtemps, les écoles préparatoires à l'enseignement supérieur et même plusieurs facultés des sciences ont fait avec éclat des cours de chimie et d'histoire naturelle appliqués à l'agriculture.

La question semble donc assez mûre pour qu'il y ait lieu de penser sérieusement à une organisation générale et uniforme de l'enseignement agricole dans les écoles primaires rurales, dans les écoles normales et même, au besoin, dans les divers établissements publics d'instruction secondaire ou supérieure. Rien ne s'oppose, en effet, à ce que l'enseignement agricole fasse partie, dans certaines limites, du programme d'études de nos établissements scolaires.

En ce qui concerne l'instruction primaire, c'est à l'école normale que nous préparerons les maîtres et maîtresses à ce nouvel enseignement. Or, nous possédons aujourd'hui 79 écoles normales d'instituteurs et 11 d'institutrices; dans les premières, le cours d'études comprend des leçons théoriques et pratiques d'agriculture; dans les autres, on se borne à l'économie et à la comptabilité agricoles.

Si de l'école normale nous passons à l'école primaire, l'administration dispose de 38,629 écoles de garçons ou mixtes, où il est facile d'introduire l'enseignement agricole, et de 30,000 cours d'adultes qui peuvent répandre ces connaissances au milieu des populations intéressées à en tirer immédiatement parti. Nous ne comprenons pas dans ces chiffres 14,721 écoles de filles, où il convient d'initier les élèves aux premières notions de l'économie et de la comptabilité rurales.

Dans l'instruction secondaire, nous comptons aujourd'hui 72 lycées qui possèdent des classes d'enseignement spécial. Le cours d'agriculture y fait partie du programme d'études et peut s'adresser à la fois aux élèves du cours professionnel et à ceux de l'enseignement classique proprement dit. Il en est de même de nos 250 colléges communaux, où est organisé l'enseignement spécial. Dans plusieurs de ces établissements, comme au lycée d'Auch, les élèves de l'école normale et ceux du lycée reçoivent des leçons communes d'agriculture et assistent ensemble aux expériences de pratique culturale, qui se font sur une grande échelle dans la localité.

On sait, d'ailleurs, tout ce qui a été fait depuis plusieurs années pour répandre, par l'enseignement des facultés ou des écoles supérieures, la connaissance des plus utiles applications des sciences à l'agriculture. A Angers, à Nantes et à Mulhouse, les écoles préparatoires à l'enseignement supérieur ont des cours d'agriculture parfaitement organisés. Dans plusieurs facultés de sciences, notamment à Rennes, à Caen et à Lille, on a fait des cours très-développés de chimie appliquée à l'agriculture, et un grand nombre d'auditeurs les suivent avec intérêt. Il suffit de rappeler, à ce sujet, les intéressantes publications de MM. Isidore Pierre, Malagutti et Girardin, pour avoir une idée des résultats obtenus dans l'enseignement agricole.

IIe Partie.

Résultats qu'a produits jusqu'ici l'Enseignement agricole dans les établissements d'instruction publique.

Les premières expériences sur l'enseignement agricole ont été faites, il y a quinze ans, dans des écoles primaires situées sur des points très-divers de la France. Le 18 février 1856, un rapport présenté à l'Empereur attestait les bons résultats déjà obtenus. On avait la preuve que l'agriculture pouvait être enseignée d'une manière suffisamment pratique partout où les instituteurs auraient, à cet égard, les connaissances nécessaires. Mais il fallait qu'ils pussent prendre ces connaissances dans les écoles normales primaires. A cet effet, il fut décidé qu'on adjoindrait aux autres maîtres une personne spécialement chargée de cet enseignement.

Il n'y avait alors que douze écoles normales primaires qui possédassent un champ d'une étendue suffisante pour les études agricoles. Aujourd'hui, 44 sont dans ces conditions, et les terrains dont elles disposent présentent une contenance totale de 88 hectares, inégalement répartis entre elles, mais propres néanmoins à un enseignement théorique et pratique de l'agriculture.

Depuis deux ans, plusieurs de ces établissements ont été visités, sur la demande du ministre de l'instruction publique, par les inspecteurs généraux de l'agriculture, et les résultats constatés par ces juges si compétents ont paru dignes d'être encouragés. Les autres écoles normales n'ont malheureusement que des jardins d'une petite étendue, où l'on se contente de donner aux élèves des notions d'horticulture. Mais, dans 5,572 écoles primaires, les enfants sont initiés aux premiers principes de l'agriculture ou du jardinage, et cet enseignement pourrait se multiplier, puisque, sur 41,494 écoles publiques, nous en avons 26,220 qui ont un jardin. Aussi, chaque année, des médailles sont-elles décernées à un grand nombre d'instituteurs par les comices agricoles et dans les concours régionaux. Depuis dix ans, il a été délivré, année moyenne, soit en médailles, soit en livres, 460 prix aux instituteurs qui ont le mieux réussi dans l'enseignement et la pratique agricoles ou horticoles.

Ainsi, grâce à l'introduction de l'enseignement agricole dans les écoles normales, un grand nombre d'instituteurs possèdent aujourd'hui des connaissances suffisantes pour donner cet enseignement avec fruit. Beaucoup d'entre eux, de leur propre initiative, se sont mis courageusement à l'œuvre et ont obtenu de sérieux résultats, dont ils ont été récompensés. Quelques-uns même ont écrit des mémoires sur l'art agricole, sur l'élève des abeilles, etc. Ce bon vouloir des maîtres, qui s'est révélé sur toute l'étendue du territoire français, prouve que l'introduction plus large de l'enseignement agricole serait acceptée avec bonheur par la majorité des instituteurs primaires, et que l'administration trouverait des hommes tout disposés à seconder ses vues.

En résumé, l'introduction de l'enseignement de l'agriculture et de l'horticulture dans les écoles rurales a déjà rendu d'utiles services au pays.

Les expériences qui ont été faites jusqu'ici démontrent la possibilité de généraliser ce genre d'enseignement.

Beaucoup d'instituteurs sortis des écoles normales et un grand nombre de leurs collègues possèdent aujourd'hui les connaissances nécessaires pour donner cet enseignement avec fruit.

L'enseignement agricole va être ou est déjà organisé dans nos 72 lycées et nos 250 collèges, qui possèdent des cours d'enseignement spécial.

IIe Partie.

Résumé des vœux émis dans l'enquête agricole sur la direction à donner à l'instruction primaire.

Dans toutes les circonscriptions, les commissions départementales ont insisté sur ce point que l'instruction primaire n'est pas dirigée dans un sens assez agricole.

Dans les 2e, 5e, 6e, 8e, 9e, 11e, 17e, 20e et 24e circonscriptions, on s'est plaint que l'instruction primaire agit dans un sens défavorable à l'agriculture, en ce que cette instruction, toute générale et constamment étrangère au milieu agricole dans lequel vivent le maître et les élèves, excite chez ces derniers le dégoût de la vie rurale et le désir d'utiliser autrement des connaissances dont ils s'exagèrent l'importance. Aussi, les jeunes gens de la campagne cherchent-ils avec ardeur des emplois dans toutes les administrations publiques, dans le commerce, les compagnies de chemins de fer, dans les études d'avoués ou de notaires, etc., etc.

L'instruction donnée aux filles est encore plus contraire aux travaux des champs; elles tiennent plus que les garçons à aller dans les villes, à se mettre en service, à devenir religieuses, lingères, femmes de chambre, etc. « Chez les sœurs, dit la commission du Puy-de-Dôme, on a l'ouvroir; les filles y apprennent les travaux délicats de l'aiguille; elles font de la dentelle ou de la broderie ; mais elles n'ont pas les premiers éléments du raccommodage ordinaire du linge de la maison, des soins du ménage ou de la basse-cour : aussi tiennent-elles la culture dans le plus grand dédain. » — « Elles n'ont qu'un rêve, être des dames. Un cultivateur, fût-il dans l'aisance, trouve difficilement à se marier. » (M. Genteur.)

L'ignorance des parents est si grande, que les enfants se croient savants à côté d'eux, par suite du peu d'instruction que ces derniers ont acquise; ils méprisent et abandonnent très-souvent le toit paternel. Les faits sont tels que quelques déposants ont été jusqu'à dire qu'avec l'instruction universellement répandue, personne ne voudra plus être cultivateur.

On a exprimé dans les diverses circonscriptions, mais d'une façon toute particulière dans la 2e et la 20e, le vœu que des jardins fussent annexés à toutes les écoles; que les essais déjà tentés dans quelques établissements, notamment dans les écoles normales, fussent continués et généralisés, pour que l'instituteur de la campagne donnât à ses élèves d'utiles notions d'agriculture et de jardinage. L'enfant, disent les commissions, s'intéresserait à la profession de ses parents, s'il la voyait traitée comme une science que l'étude peut éclairer. En acquérant les premières notions des connaissances générales, les enfants pourraient recevoir en même temps de leur maître et sous ses yeux, dans le jardin de l'école ou dans une propriété voisine, des notions d'une utilité réelle, théoriques et pratiques à la fois, qui leur seraient un véritable apprentissage des meilleurs procédés.

On voudrait, d'après l'enquête faite dans la 2e, la 17e et la 20e circonscription, que le programme d'études des campagnes fût plus approprié aux choses de la vie rurale; que l'on s'y entretînt davantage de ce qui touche à la destination des élèves; que les livres mis entre leurs mains continssent des notions utiles d'agriculture, et qu'enfin on combinât les heures de classe de manière à les mettre en rapport avec les habitudes et les besoins de la profession des familles.

La 6e, la 9e, la 11e et la 17e circonscription ont exprimé le regret que les instituteurs ne reçussent, dans les écoles normales, ni la notion ni le goût de la culture. Là est le mal, ajoute-t-on, là est aussi le remède. Il ne suffit pas d'inviter les communes à donner à l'instituteur un jardin dans lequel il puisse pratiquer sous les yeux des enfants quelques opérations de jardinage et d'arboriculture: on n'obtiendra jamais par là que des résultats insignifiants. Ce qu'il faut, c'est que les instituteurs apprennent dans les écoles normales ce que l'on veut qu'ils enseignent. On devrait consacrer un jour ou deux par semaine à leur donner des notions d'agriculture, et choisir comme exercices d'écriture, d'orthographe et de calcul, des sujets tirés de la pratique agricole au milieu de laquelle les enfants sont élevés.

On a pensé aussi (Nièvre) qu'il serait utile d'envoyer les élèves des écoles normales dans les fermes-écoles d'agriculture, ou les élèves des instituts agricoles et des fermes-écoles, après leur apprentissage, dans les écoles normales, ceux du moins qui se destineraient à l'enseignement. Il est indispensable, ont déclaré la plupart des commissions, que la jeunesse des campagnes connaisse non-seulement la pratique des bonnes cultures, mais encore la composition des sols pour y employer tel ou tel engrais ou amendement, suivant telle ou telle production à obtenir. L'instituteur, il est vrai, ne peut pas enseigner pratiquement l'agriculture; mais il est éminemment apte à faire connaître les perfectionnements apportés aux instruments et aux procédés.

La 12e circonscription a émis le vœu que des professeurs ambulants fissent en hiver des cours publics dans les communes et les cantons les plus agricoles.

C'est surtout à l'école des adultes, disent les déposants de la 17e circonscription, que l'instituteur de la campagne devrait enseigner les éléments de la bonne agriculture. Les adultes retiendront et voudront appliquer. La campagne se dépeuple de plus en plus. Il faut absolument arrêter cette dépopulation menaçante pour l'avenir. L'instruction primaire peut y jouer son rôle en attachant au sol, s'il est possible, la jeune génération.

Les déposants de la 8e circonscription ont signalé la nécessité d'augmenter le budget de l'enseignement primaire dans un but agricole.

En résumé, il ressort des rapports adressés à M. le ministre de l'agriculture par les commissaires chargés de l'enquête agricole :

1° Que l'enseignement primaire donné par les instituteurs ou les institutrices est trop théorique;

2° Qu'il détourne le plus souvent les enfants de la vie agricole, et tend à en faire des employés, des commis, des ouvriers pour les divers corps d'état; qu'ainsi il les pousse presque tous vers les villes;

3° Que ceux qui savent lire, écrire et compter sont considérés par les parents ignorants comme très-capables et beaucoup au-dessus de la position de leurs familles;

4° Que les jeunes filles qui ont reçu un peu d'instruction ne veulent point rester à la campagne, qu'elles cherchent à se placer dans les villes, à devenir religieuses, couturières, lingères;

5° Qu'il y a urgence à obliger tous les instituteurs à rendre leur enseignement pratique et à lui donner une couleur et une tendance agricoles;

6° Qu'il est nécessaire d'encourager l'établissement d'un jardin ou d'une ferme-école à côté des écoles normales;

7° Qu'il faut changer l'enseignement actuel et préparer dans les écoles normales des maîtres pour la direction spéciale à donner aux écoles rurales;

8° Qu'il convient de créer des professeurs d'agriculture ambulants et de fonder des cours publics d'adultes pour cet objet spécial.

IVe PARTIE.

Résumé de l'enquête faite par l'administration universitaire. Ce que doit être l'enseignement agricole d'après l'avis des inspecteurs généraux, des préfets, des recteurs et des inspecteurs d'académie.

Un point capital dans l'éducation de l'enfant du hameau, disent la plupart des recteurs et des préfets, c'est que, de bonne heure, on lui apprenne le travail de la terre ; c'est que, dès un âge encore tendre, on l'accoutume à supporter les intempéries des saisons et la fatigue du corps. Tout à la fois, il faut reporter sans cesse son intelligence et sa volonté vers les choses rurales.

Pour s'accorder avec cette nécessité, l'enseignement primaire appliqué aux populations agricoles doit compléter ce qui manque à cet autre enseignement naturel que l'enfant du village trouve au sein même de sa famille. Or, le cultivateur et l'ouvrier des champs, intéressés à se faire aider dans leurs ouvrages journaliers, initient leurs enfants, autant qu'ils le peuvent, à la pratique agricole, et ils les forment très-bien au labeur de la vie rustique ; mais ce qu'en général ils ne donnent pas à leurs fils, ce sont des notions raisonnées sur ces travaux, car ils travaillent par habitude et par tradition plutôt que par principes. De plus, l'habitant du village fausse le jugement de sa famille, plus souvent qu'il ne l'éclaire, sur les avantages de la vie des champs et sur la dignité du travail agricole.

Ceci posé, la part de l'instituteur rural, en matière d'enseignement agricole, se trouve clairement indiquée. Il laissera complétement au père l'enseignement de la pratique culturale proprement dite. Ainsi, ce serait sortir de son rôle que de louer des champs, d'y conduire ses élèves, d'y semer de l'avoine, du blé, etc., de chercher à en obtenir le plus grand produit net. Une semblable innovation serait peut-être acceptée au début, surtout si on l'essayait sous quelque patronage puissant ; mais à la longue elle ne pourrait se soutenir. En effet, de deux choses l'une : ou bien le *faire valoir* présenterait quelque étendue, nourrirait du bétail et serait exploité habilement. Dans ce cas, l'instituteur pourrait acquérir une certaine autorité comme cultivateur ; mais vraisemblablement, absorbé par les soins de la culture, il négligerait sa classe et exciterait sous ce rapport des plaintes fondées. — Ou bien, détenteur d'un ou de deux hectares seulement, sans attelage et sans animaux, il n'aurait qu'un spécimen incomplet d'exploitation, n'exerçant aucune influence sur l'agriculture du pays. D'ailleurs, les parents n'admettraient pas que, même sur des champs aussi peu étendus, leurs enfants fissent, au profit de l'instituteur, un travail dont il leur semble qu'eux, parents, doivent avoir tout le bénéfice.

Si l'instituteur doit laisser aux parents le soin de former leurs enfants à la pratique agricole, sa tâche à lui c'est d'éclairer cette pratique par les principes raisonnés de la science rurale. Ces principes, il doit les trouver lui-même dans des traités courts, clairs, substantiels, qu'il mettra entre les mains de ses élèves et dont il se servira le plus souvent possible pour la lecture, les dictées, les exercices de mémoire, de composition française et de calcul.

« Il importe, dit M. l'inspecteur primaire de Versailles, que les livres de lecture agricole soient écrits sous forme dramatique, donnant le précepte comme conséquence des faits qui le précèdent ou le justifient, mais sans théories scientifiques et abstraites. »

Par ce système, l'enseignement agricole se trouvera complétement fusionné avec les études classiques, et ce sera pour le plus grand bien de celles-ci. Comme le font judicieusement remarquer les hommes les plus compétents, ne convient-il pas, en effet, que le maître reporte sans cesse l'esprit des élèves vers des objets qu'ils ont souvent occasion de voir et qui les intéressent naturellement? Dans les écoles rurales, c'est donc sur des sujets d'agriculture que l'on doit presque toujours faire lire, écrire, composer et calculer.

C'est ainsi que, sans se jeter dans des travaux qui le distrairaient de ses occupations principales, l'instituteur rural donnera à son enseignement une couleur agricole des plus heureuses. Doit-il s'en tenir là? Ne pourrait-il, de plus, se livrer utilement aux exercices du jardinage et de l'arboriculture? Il y a unanimité, de la part de tous les fonctionnaires de l'Université, pour reconnaître que ce complément doit être considéré comme indispensable. Il ne présente aucun des inconvénients signalés au sujet de l'agriculture proprement dite, et il réunit de grands avantages.

Les habitants des campagnes sont, pour la plupart, horticulteurs peu habiles; ils négligent les bonnes espèces fruitières et ne savent, en général, ni tailler un arbre, ni le greffer, ni même le bien planter. Dès lors, si l'instituteur fait preuve de talent sur ces divers points, il gagnera en autorité, et l'on sera d'autant plus disposé à le croire sur les principes de saine théorie agricole dont nous avons dit qu'il doit être le propagateur. D'ailleurs, après un travail de tête fatigant, rien n'est plus propre à rafraîchir l'esprit que les occupations du jardinage. Si l'instituteur y consacre, chaque jour, une heure ou deux, il jouira d'une santé plus forte, et il se trouvera mieux en état de faire sa classe que s'il adoptait tout autre genre de récréation.

L'horticulture offre encore l'inappréciable avantage d'attacher l'instituteur à son logis : s'il ne s'occupait pas de ses arbres, de ses légumes, de ses fleurs, ne chercherait-il pas à se distraire par des fréquentations quelquefois dangereuses ou compromettantes?

Possesseur d'un jardin bien tenu, avec pépinière d'arbres fruitiers, il y conduira ses élèves aux heures de récréation, et il leur apprendra à semer, à repiquer, à greffer, à marcotter, à bouturer, à bien planter un arbre, à le conduire en espalier, même à diriger une couche et à obtenir ces jolies fleurs, trop négligées dans nos villages, dont elles devraient être l'ornement.

Jusqu'ici, les élèves, retirés trop jeunes des écoles, n'ont été que bien rarement occupés dans les jardins ; les populations ne paraissaient guère désirer qu'on le fît, parce qu'elles sont elles-mêmes souvent plus habiles que l'instituteur.

Toutefois, on est entré déjà sur beaucoup de points dans une meilleure voie. Mais il n'y aura rien à attendre de sérieux, dit M. le vice-recteur de l'académie de Paris, si une impulsion directe ne tourne pas l'enseignement des écoles de ce côté. Ce qu'on demande aujourd'hui doit être l'objet d'une organisation toute spéciale. La réussite paraît certaine, pourvu que l'essai soit fait avec mesure et surtout avec suite.

La plupart des préfets et l'inspection générale de l'agriculture voudraient que les règlements scolaires établissent un certain accord entre l'enseignement classique, donné par l'instituteur rural, et cette éducation agricole pratique si importante, dont la direction appartient naturellement au père de famille. Or, voici comment cet accord pourrait se faire.

Pendant les six mois d'hiver où les travaux de la culture sont le moins pressés, l'école serait ouverte pour tous les enfants du village le matin et l'après-midi. Le reste de l'année, il ne se ferait deux classes par jour que pour les enfants les plus jeunes, les moins capables d'efforts sérieux. Les autres, plus âgés et par conséquent plus propres à un travail utile, n'auraient, par jour, qu'une seule classe, dont l'heure serait fixée par les conseils départementaux (après avis des autorités locales), à l'instant du jour qui s'accorderait le mieux avec les ouvrages de la campagne. Le reste de la journée, ces enfants seraient à la disposition de leur famille pour les travaux de l'agriculture.

Les règlements en vigueur n'établissant aucune distinction entre les écoles primaires rurales et les écoles urbaines, les élèves des premières, comme ceux des secondes, sont soumis à une immobilité presque complète pendant deux classes de trois heures chacune, l'une le matin, l'autre l'après-midi. De plus, leur journée est coupée à deux reprises, de telle sorte qu'en dehors des heures de classe leur temps peut être difficilement utilisé dans la campagne.

Évidemment cette inaction corporelle et quotidienne de six heures, jointe au désœuvrement habituel du reste de la journée, ne peut tendre à développer les aptitudes que nécessite la vie agricole. De deux choses l'une : ou bien ils fréquenteront l'école assidûment; dans ce cas, loin de devenir forts et actifs comme l'exigeraient la profession de cultivateur et celle d'ouvrier rural, ils prendront des habitudes molles et sédentaires : s'étonnera-t-on plus tard qu'ils abandonnent le village pour habiter la ville? Leur temps d'école ne les aura que trop préparés à cette désertion. Ou bien ils n'iront en classe que l'hiver, et pendant tout l'été ils travailleront avec leurs parents. Sans doute, dans cette seconde hypothèse, ils deviendront robustes et habiles aux ouvrages des champs; mais leurs études classiques seront presque nulles. N'oublieront-ils pas au second semestre presque tout ce qu'ils auront appris dans le premier?

Ces inconvénients opposés, qui constituent l'état actuel, disparaîtraient lorsque officiellement on aurait fait, dans chaque centre de population rurale, la part des deux éducations, l'une intellectuelle, l'autre pratique, dont l'alliance est nécessaire pour former, au profit de l'agriculture, des générations tout à la fois robustes et suffisamment lettrées.

Ce système, proposé par plusieurs préfets pour combattre, dans nos villages, la désertion des classes de l'enseignement primaire pendant l'été, nécessiterait, de la part des conseils départementaux, la désignation officielle des écoles qui, se trouvant surtout fréquentées par des enfants de cultivateurs et d'ouvriers agricoles, devraient être soumises aux règlements ruraux, tandis que les écoles peuplées d'enfants issus de l'industrie et des métiers conserveraient le régime actuel.

Si des enfants on passe aux adultes, quelques recteurs et presque tous les préfets reconnaissent que l'instituteur rural peut stimuler directement en eux l'esprit du progrès par l'établissement de conférences qui auraient lieu le soir à la maison commune, une fois ou deux par semaine en hiver, sous la présidence du maire ou du curé. Dans ces réunions, il ferait des lectures agricoles et provoquerait, de la part des assistants, la communication des faits intéressants qu'ils auraient observés. Lui-même, sans se poser en professeur, ajouterait, à l'occasion, quelques explications scientifiques élémentaires. Il pourrait aussi résoudre des problèmes d'arithmétique appliqués à l'agriculture. Enfin, de telles soirées se termineraient agréablement par l'exécution de morceaux de musique, morale, patriotique ou religieuse. Cette idée a été appliquée à beaucoup de communes des départements de l'Ain, de l'Oise, de Seine-et-Marne, de la Gironde, d'Ille-et-Vilaine et de l'Yonne, et a donné lieu aux résultats les plus heureux.

Du reste, il ne peut y avoir là rien que de facultatif, et même cette œuvre doit être soumise aux mesures de prudence qu'exige la tenue des classes d'adultes.

Pour que les instituteurs ruraux suivent la direction qui vient d'être indiquée, il faut qu'ils y soient préparés eux-mêmes, dès l'école normale, par un cours d'agriculture et par des leçons pratiques d'horticulture. C'est là un vœu exprimé par tous les fonctionnaires, sans aucune exception, qui ont pris part à l'enquête. D'après les essais tentés dans plusieurs écoles normales et que l'administration a suivis avec soin, voici comment cet enseignement doit s'organiser.

Une fois ou deux par semaine, le professeur donnerait, dans l'amphithéâtre, aux élèves réunis des trois divisions, une leçon d'agriculture et en exigerait la rédaction, qui serait considérée comme exercice de composition française. De plus, afin de joindre au précepte l'exemple pris sur le terrain, il accompagnerait les élèves dans la promenade du jeudi et leur ferait visiter les fermes les plus intéressantes des environs.

Voilà pour l'enseignement agricole proprement dit.

Quant aux exercices d'horticulture, le professeur y consacrerait une partie des récréations dans le jardin de l'école normale.

Cinq préfets demandent que chaque école normale envoie dans un institut agricole un sujet capable. Trois ans après, ce sujet retournerait à l'école en qualité de professeur d'agriculture, et de la sorte un enseignement parfaitement homogène s'organiserait dans tous les établissements où se forment les instituteurs. Il n'y aurait plus un seul élève de ces écoles qui ne sût bien ce qu'il devra faire, comme instituteur, en matière d'enseignement agricole et horticole. A ce moment-là, les principes élémentaires d'agriculture et les opérations pratiques d'horticulture deviendraient naturellement partie obligatoire de l'examen pour l'obtention du brevet. Le vœu de l'obligation de l'enseignement agricole dans les écoles et dans les épreuves du brevet de capacité est général. Tous les rapports insistent sur ce point.

On est également unanime pour demander l'annexion d'un jardin à toutes les écoles normales et à toutes les écoles primaires rurales qui n'en possèdent pas encore.

Ce projet ne semble soulever aucune difficulté sérieuse : car une location d'un demi-hectare (100 à 200 fr. de dépense) suffirait pour chaque école normale, et une location de 10 ares (20 à 30 fr. de dépense annuelle) pour chaque école primaire rurale. Dans beaucoup de communes, le jardin de l'école pourrait être établi à peu de frais sur quelque terrain public inoccupé.

Dans les Vosges, grâce à la seule action préfectorale, tous les logements d'instituteurs, sans exception, ont leur jardin. M. le préfet de ce département a présenté d'ailleurs, à ce sujet, des observations qui doivent trouver place ici.

« L'idée de propager l'enseignement agricole et de développer le goût de l'agriculture par l'intermédiaire des instituteurs est fort ancienne, dit M. le préfet des Vosges dans un rapport du 6 mars 1867, et je ne saurais disconvenir qu'elle soit fort séduisante. Dans un département pauvre et exclusivement agricole, où la population rurale était alors et est, je le crois du moins, encore en décroissance, j'ai moi-même voulu la mettre en pratique. Je suis donc tout naturellement, et depuis longtemps, enclin à rechercher par quels moyens son application pourrait devenir fructueuse, et je me suis formé, à cet égard, une sorte de système que j'aurais déjà tenté de réaliser dans les Vosges, si le temps ne m'avait fait défaut, et si, m'effrayant de la tâche et incertain du résultat, je n'avais été amené à le mûrir par de plus longues réflexions.

« Votre Excellence m'offrant aujourd'hui l'occasion de le lui exposer, je la saisis avec empressement ; mais, avant d'entrer à cet égard dans aucun développement, je tiens à dire, tout d'abord, qu'une expérience déjà longue de l'enseignement populaire me porte à redouter qu'il ne soit bien difficile de faire dans beaucoup de départements plus et mieux que ce qui se fait aujourd'hui dans quelques-uns, à savoir : de donner aux instituteurs des notions relatives à l'horticulture, et notamment à la culture des arbres à fruits.

« Il ne faut pas perdre de vue, en effet, deux choses essentielles. La première, c'est que les jeunes gens qui se vouent à l'enseignement prennent, le plus souvent, ce parti pour échapper aux travaux des champs ; qu'ils ont donc peu de goût, souvent même un éloignement prononcé, pour l'agriculture, ce qui les dispose mal pour en apprendre et en enseigner les préceptes. La seconde, c'est que le paysan est défiant ; qu'en matière d'agriculture, il ne croit guère qu'à l'expérience, souvent même qu'à la routine, et qu'il est peu disposé à tenir compte des conseils donnés par des hommes qui ne partagent pas ses labeurs journaliers, même quand il leur reconnaît une instruction et une intelligence supérieures de beaucoup à celles qu'il possède lui-même.

« Si donc l'instituteur, en prenant la direction d'une école, se pose en professeur d'agriculture, vainement dira-t-il qu'il a reçu, soit à l'école normale, soit ailleurs, un enseignement approprié aux leçons qu'il doit donner, le paysan se mettra en garde contre des nouveautés qui l'offusquent ; il déclarera qu'en dehors de l'enseignement primaire proprement dit l'instituteur est un théoricien et un pédant, et que les enfants ne peuvent pas recevoir de meilleurs enseignements agricoles que ceux qu'ils puisent dans leur famille.

« Et, à vrai dire, monsieur le ministre, le paysan aura le plus souvent raison. Comment, en effet, admettre que, dans l'espace de deux ou trois ans, même dans l'école normale la mieux dirigée, des jeunes gens, ayant, je viens de l'établir, peu de goût pour l'agriculture, puissent avoir acquis, sans nuire d'ailleurs à leurs autres études, l'acquit et l'autorité nécessaires pour professer une science qui semble ne pouvoir être utilement enseignée que par des hommes d'une grande expérience alliée à un grand savoir? Confiées à leur mémoire, les notions qu'on aura essayé de leur donner ne leur fourniront guère que des données confusément classées dans leur esprit, et qui ne serviront fort souvent qu'à exalter leur amour-propre. Ce danger est sérieux, monsieur le ministre, et le nombre est grand des instituteurs qui ont échoué dans leur mission pour n'avoir pas su la remplir avec modestie et pour être sortis du cadre qu'elle leur traçait. Je pourrais en citer des plus intelligents et des plus instruits, qui se sont attiré l'animadversion des populations agricoles, pour s'être publiquement associés aux efforts des associations formées en vue des progrès de l'agriculture.

« A mon sens, monsieur le ministre, ce serait donc commettre une grave erreur que de vouloir, d'une manière générale, transformer les maîtres laïques en professeurs d'agriculture ; et, quant aux membres des corporations religieuses vouées à l'enseignement primaire, la difficulté, je n'ai pas besoin de le dire, serait plus grande encore. Or, dans certains départements, des corporations se trouvent en possession d'un très-grand nombre d'écoles.

« Il faut le reconnaître, toutefois, les enquêtes départementales qui viennent d'avoir lieu ont fait ressortir la nécessité de maintenir le goût de l'agriculture au milieu des populations rurales, et soulevé de nouveau l'idée d'associer l'enseignement agricole à l'enseignement populaire. Il devient donc indispensable de l'examiner avec la plus grande attention, et de se demander dans quelle mesure il serait possible de donner satisfaction à un vœu si persistant et si généralement exprimé.

« Je disais tout à l'heure, monsieur le ministre, que l'horticulture, et particulièrement la culture des arbres à fruits, était enseignée aux instituteurs dans les écoles normales; j'ajoute qu'elle peut l'être sans dommage pour l'ensemble de leurs études, et qu'ils peuvent également l'enseigner plus tard, à leur tour, dans les communes. C'est, en effet, ce qui arrive avec plus ou moins de succès dans la plupart des départements : la circulaire de Votre Excellence le constate. Dans les Vosges, par exemple, les enfants sont exercés à l'horticulture d'une façon théorique et pratique dans 114 écoles. Dans quelques communes, il est vrai, les maîtres essayent d'ajouter à l'horticulture des connaissances plus étendues en agriculture; mais des lectures, des dictées, des problèmes, dont le souvenir s'efface promptement de la mémoire des enfants, ne sauraient constituer un enseignement agricole; et cependant l'école normale de Mirecourt possède un vaste enclos et un maître spécial d'agriculture.

« Cette école, monsieur le ministre, est bien dirigée, et ce n'est certes pas le zèle qui a manqué ni au corps si dévoué de nos instituteurs ni à l'inspection académique qui le dirige; la situation que mon département a conquise dans l'enseignement populaire ne laisse aucun doute à cet égard, et cependant, il faut le reconnaître, les leçons d'agriculture proprement dite données dans cette école n'ont abouti à aucun résultat appréciable. Il semble donc qu'en dehors de l'horticulture l'enseignement primaire soit impuissant à propager l'enseignement agricole. Tout au moins peut-on dire qu'il l'a été, ou à peu près, jusqu'à ce jour.

« En réfléchissant à cet insuccès à peu près complet, et le rapprochant du succès relatif d'une branche spéciale de l'enseignement agricole, j'en suis venu à me demander si, en le généralisant, on n'a pas rendu la difficulté insurmontable, et si on ne la ferait pas disparaître ou à peu de chose près en le spécialisant.

« Dans la plupart des départements, en effet, on rencontre des cultures spéciales, en rapport avec le climat et la nature du sol, s'y combinant sans doute avec quelques autres, mais les dominant et formant ainsi le fonds de l'agriculture du pays. La vigne, dans certains départements du midi de la France; l'olivier, le mûrier, dans d'autres; dans le massif montagneux du centre, la culture pastorale et l'éducation de la race ovine combinées avec la production des céréales secondaires; dans les montagnes plus boisées et mieux arrosées du nord, l'élève du gros bétail et le développement de la production fourragère au moyen d'un système perfectionné d'irrigation; sur d'autres points, la production du froment, des plantes industrielles, etc., etc., forment la culture principale et dominante, si bien que l'on peut avancer que l'agriculture de chaque département se résume, à peu près partout, en une ou deux cultures spéciales dominantes, nécessitant des connaissances et une pratique qui leur soient spéciales, et en dehors desquelles l'enseignement agricole dégénérerait en une pure théorie.

« A quoi servirait, en effet, à un instituteur exerçant ses fonctions dans un département exclusivement viticole, par exemple, de posséder et de pouvoir propager les préceptes les mieux appropriés à la culture de la betterave, qui est spéciale à certains départements du nord, et réciproquement? A rien sans doute; mais il en pourrait être autrement, si cet instituteur avait, dans l'école normale de son département, appris à fond la culture de la vigne, sa taille, les moyens de la préserver des ravages de l'oïdium ; s'il y avait appris à connaître et à comparer les différentes natures de ceps, à apprécier les choix à faire parmi eux à raison de la nature du sol, de l'altitude ou de l'exposition, et s'il y avait acquis quelques notions sur la fabrication du vin. Borné à cette étude spéciale, l'enseignement agricole se serait simplifié pour l'instituteur; il n'aurait ni surchargé sa mémoire, ni gaspillé son temps; il aurait pu ainsi devenir attrayant, et pour peu que, dans sa commune, ce maître eût à sa disposition un jardin suffisant et approprié à cet usage, il pourrait y mettre en pratique les préceptes appris à l'école et les propager par l'exemple aussi bien que par la parole.

« Ce seul exemple me semble de nature à bien faire ressortir ma pensée, et, après l'avoir cité, je dirai qu'à mon sens le but si important que le gouvernement poursuit ne saurait être atteint qu'en simplifiant, restreignant et spécialisant l'enseignement agricole destiné à être propagé par les instituteurs, et j'ajouterai en le rendant, dès lors, obligatoire. Il me reste à indiquer par quels moyens cette idée pourrait être mise en pratique.

« J'attribuerais tout d'abord au conseil départemental le soin de préparer le programme restreint et spécial qui pourrait, au besoin, être soumis à la sanction du conseil général. Ce programme, une fois arrêté, ferait partie de l'enseignement que les élèves recevraient à l'école normale. Un professeur, auquel l'obligation serait formellement imposée de n'en pas excéder les limites, serait attaché à l'établissement. et les examens porteraient sur les matières qui le composeraient comme sur les autres.

« Peut-être, en l'état actuel des choses, serait-il difficile de n'accorder le brevet de capacité qu'aux élèves qui auraient avantageusement subi l'examen sur les matières formant le programme de l'enseignement agricole spécial comme sur celles qui se rattachent à l'enseignement pédagogique; mais il pourrait être admis, dans l'application, que ceux qui auraient subi avec succès cette double épreuve auraient, relativement aux autres, un rang de priorité; qu'ils seraient seuls admis, par exemple, à diriger les écoles publiques, ou tout au moins les écoles importantes pourvues d'un enclos destiné à la propagation de l'enseignement agricole. Au surplus, et quand bien même le brevet de capacité ne devrait être accordé qu'aux maîtres susceptibles de se livrer simultanément aux deux enseignements, cette exigence serait-elle réellement excessive? Ne porterait-elle pas avec elle la preuve irrécusable de l'intérêt profond que les pouvoirs publics attachent à voir se maintenir et se développer le goût de l'agriculture au milieu des populations rurales que tant de circonstances sollicitent à abandonner la vie des champs? Et, d'ailleurs, ne trouverait-elle pas toujours une large compensation dans le bénéfice que les instituteurs retirent de la loi sur le recrutement, qui leur confère la dispense du service militaire, à la seule condition pour eux de contracter un engagement décennal?

« A mon sens, jamais exigence n'aurait été plus légitime et n'aurait répondu à un plus sérieux intérêt social.

« Il va sans dire que les candidats au brevet de capacité qui n'auraient pas suivi les cours de l'école normale devraient subir les mêmes épreuves devant la commission d'examen, à laquelle, dans ce but, pourrait être réuni le professeur spécial; que le brevet qui leur serait délivré devrait faire mention de leur aptitude ou de leur incapacité en ce qui concerne l'enseignement agricole spécial au département; enfin, pour éviter les irrégularités et les priviléges, il semblerait naturel d'imposer les mêmes exigences aux instituteurs congréganistes.

« Mais ce n'est pas tout, monsieur le ministre, que d'avoir donné aux maîtres, sur l'agriculture, des notions utiles à propager dans les communes de leur circonscription naturelle : il faudrait encore, d'une part, qu'ils fussent mis en situation de les propager; d'autre part, que les populations fussent mises à même d'en apprécier la valeur, et c'est là que se révèlent les plus sérieuses difficultés.

« Pour que les maîtres fussent mis en situation de propager l'enseignement agricole, la première des conditions, ce semble, serait que les écoles fussent pourvues d'un jardin ou d'un champ. L'état des finances communales, les répugnances et les préjugés locaux présentent ici des obstacles, qu'avec le temps et le concours de l'État et des départements on parviendrait à vaincre, avec une rapidité lente d'abord, mais qui s'accélérerait, sans doute, si les expériences faites et si les exemples donnés sur certains points, dans les écoles des communes qui auraient pris l'initiative de ce mouvement, obtenaient quelque retentissement.

« En vue de donner à ces exemples un éclat susceptible d'exciter l'émulation des autres communes, je voudrais introduire l'élément agricole au sein des délégations cantonales instituées par la loi du 15 mars 1850. Les lauréats des concours régionaux pourraient, à cet égard, fournir à l'administration un précieux concours. Désignés à cet effet par le conseil départemental, ils seraient investis du droit d'aller dans les écoles s'assurer que l'enseignement agricole spécial est donné par les maîtres, et, en outre, la plupart d'entre eux, j'en suis certain, seraient enchantés d'inviter les enfants des communes les plus voisines à visiter leur exploitation sous la direction de leur instituteur.

« Les hommes dont je parle sont, avant tout, des hommes pratiques.

2.

Ayant obtenu leurs succès par le développement ou l'amélioration des cultures spéciales au pays, ils ne sauraient passer, aux yeux des paysans, pour des théoriciens ou des rêveurs ; ils devraient donc leur inspirer de la confiance, et le contrôle qu'ils exerceraient sur l'enseignement agricole des instituteurs serait, ce me semble, de nature à surmonter la défiance instinctive que les habitants de la campagne professent pour ceux qui ne vivent pas de leur vie et ne partagent pas leurs travaux.

« Si les difficultés si grandes qui dérivent de cette défiance peuvent être surmontées, c'est à l'aide du concours de ces hommes pratiques et à la fois éclairés qui, en couvrant de leur succès et de leur vieille expérience l'expérience plus jeune et le savoir de fraîche date des instituteurs, donneront à l'enseignement agricole des maîtres l'autorité qui lui manque et contribueront, avec le temps, à l'associer définitivement à l'enseignement primaire.

« Enfin, pour affirmer de la façon la plus éclatante, devant les populations rurales, l'intérêt que le gouvernement attache à la propagation de cet enseignement et ajouter à leur confiance, je voudrais que, chaque année, MM. les inspecteurs généraux de l'agriculture fussent chargés d'inspecter non-seulement l'école normale du département, mais aussi quelques écoles communales. Ces inspections, qui deviendraient l'occasion de petites fêtes et de récompenses, pourraient être entourées d'un certain éclat et frapperaient, par leur résultat, l'esprit des agriculteurs.

« Je résume en quelques indications sommaires la combinaison que je serais enclin à proposer à Votre Excellence :

« 1° Restreindre l'enseignement agricole populaire, en le spécialisant d'après les cultures dominantes dans chaque contrée ;

« 2° Attribuer au conseil départemental le soin de formuler le programme spécial à chaque département ;

« 3° Faire entrer ce programme dans celui des matières qui seront obligatoirement enseignées à l'école normale du département, et sur lesquelles devra porter l'examen à subir pour obtenir le brevet de capacité ;

« 4° A raison des différentes sources auxquelles se recrute le corps des instituteurs et des difficultés que la complexité de ce recrutement présente à l'observation d'une règle générale immédiatement applicable, se borner, à titre transitoire, à mentionner sur le brevet si le maître a fait ou non preuve des aptitudes nécessaires à l'enseignement agricole spécial au département ;

« 5° Admettre, dans la pratique, que le maître dont les aptitudes pour cet enseignement auront été constatées obtiendra, sur tous les autres, un rang de priorité, et sera de préférence désigné pour la direction des meilleures écoles ;

« 6° Agir sur les communes en vue d'obtenir qu'elles annexent à la maison d'école un jardin, un champ suffisant pour que le maître puisse y donner cet enseignement ;

« 7° Donner des auxiliaires efficaces aux instituteurs en introduisant l'élément agricole au sein des délégations cantonales, au moyen des lauréats des concours agricoles et notamment des concours régionaux ;

« 8° Faire inspecter annuellement les écoles normales par MM. les inspecteurs généraux de l'agriculture, et exiger qu'ils aillent aussi, chaque année et dans chaque département, inspecter l'enseignement spécial agricole dans quelques-unes des communes où il aura été établi ;

« 9° Donner à ces inspections des écoles communales assez d'éclat et de retentissement pour agir efficacement sur l'esprit des populations rurales.

« Tel est dans son ensemble, et en négligeant les détails, le mode que je croirais pratique et, à ce titre, propre à propager, dans une mesure suffisante, l'enseignement agricole populaire.

« Sans doute, et je ne me fais pas d'illusion à cet égard, les résultats de sa mise en pratique ne sauraient être très-rapides, surtout dans les départements où la plupart des écoles importantes sont entre les mains des congrégations religieuses. Les difficultés, on ne saurait le trop redire, sont grandes et complexes ; mais je demeure convaincu que le problème de la propagation de l'enseignement agricole au moyen de l'enseignement primaire ne peut être résolu qu'en spécialisant, ainsi que je viens de le dire, cet enseignement et en lui donnant des auxiliaires accrédités tirés de l'élément agricole purement local. Ces deux points principaux me semblent former les données essentielles du problème.

« J'ajouterai que, dans les Vosges, toutes les écoles se trouvent dirigées par des instituteurs laïques provenant, en majeure partie, de l'école normale ; que beaucoup de nos communes sont riches et pourraient faire les frais de l'achat d'un jardin ; que les difficultés que je prévois y sont, par conséquent, moindres que dans beaucoup d'autres départements et que j'aurais, par ces motifs, déjà soumis mes idées à l'examen du conseil départemental si, au milieu des occupations si multiples qui nous assaillent, le temps ne m'avait complétement manqué pour les formuler. »

Consultés sur la question de savoir si l'instruction primaire, telle qu'elle est actuellement donnée dans les écoles, est la cause principale de la désertion des campagnes, 63 inspecteurs d'académie sur 89 ont répondu négativement. Ils affirment que c'est surtout la facilité de plus en plus grande des communications, le salaire élevé accordé aux ouvriers des villes et des manufactures, les avantages qu'ils trouvent dans les grandes localités pour faire instruire leurs enfants et obtenir des secours des établissements de bienfaisance, qui attirent dans les villes les ouvriers des campagnes ; que l'émigration comprend non-seulement quelques individus qui ont reçu de l'instruction et recherchent un emploi dans les administrations publiques, mais aussi des ouvriers illettrés, des maçons, des terrassiers, des domestiques, qu'un salaire élevé ou des gages assurés éloignent de leur pays. Le courant d'émigration paraît, d'ailleurs, diminuer sur beaucoup de points, et c'est seulement lorsque l'instruction sera universellement répandue et appropriée aux besoins de chaque classe, c'est lorsque l'élévation des salaires, par suite d'un travail producteur et intelligent, retiendra à la campagne les ouvriers ruraux, que ce courant s'arrêtera tout à fait. Tel est, du moins, l'avis de la plupart des préfets et des fonctionnaires de l'Université.

En résumé, voici, d'après l'enquête faite par les préfets, les recteurs et les inspecteurs d'académie, l'ensemble des mesures à l'aide desquelles le gouvernement parviendrait à généraliser promptement l'enseignement agricole dans les écoles primaires rurales :

1° Prescrire, dans un délai déterminé, la création d'un cours d'agriculture et d'horticulture dans toutes les écoles normales d'instituteurs primaires;

2° Afin de constituer l'unité de ce professorat, donner à une des écoles impériales d'agriculture la mission officielle de former des maîtres pour les écoles normales où l'enseignement agricole n'est pas encore régulièrement organisé. Ces maîtres seraient choisis parmi les meilleurs élèves de troisième année de nos établissements normaux et envoyés dans une école d'agriculture, d'où ils sortiraient, après deux ou trois ans de cours, pour être spécialement chargés, comme maîtres adjoints, de l'enseignement agricole et d'une partie de l'enseignement classique ordinaire des écoles normales ;

3° Établir une distinction officielle entre les écoles rurales et les autres écoles primaires; appliquer aux écoles rurales un règlement tel que les exercices classiques puissent s'accorder, en été, avec les travaux des champs;

4° Par une instruction détaillée, préciser la voie que les instituteurs ruraux doivent suivre désormais en matière d'enseignement agricole et horticole; déclarer que, dans un délai de deux ou trois années, à partir de l'envoi de cette instruction, les questions d'agriculture et la pratique de l'horticulture feront partie obligatoire de l'examen pour l'obtention du brevet d'instituteur;

5° Classer les communes de chaque département d'après le genre de culture qui y domine; choisir ou faire composer, au besoin, pour chacun de ces genres de culture, des livres de lecture clairs et intéressants; recommander que ces livres soient adoptés de préférence et que les modèles d'écriture, les sujets de copies et de dictées, les problèmes d'arithmétique aient toujours la culture dominante pour objet; enfin, envoyer les instituteurs dans la contrée agricole qu'ils connaissent le mieux;

6° Examiner comparativement les divers manuels élémentaires d'agriculture et livres de lecture agricole qui ont paru, et adopter les meilleurs, après leur avoir fait subir toutes les modifications ou additions qui seraient reconnues utiles. Si aucun livre déjà publié ne répond au but que l'on se propose, ouvrir un concours pour la composition de quelques ouvrages de ce genre:

7° Prescrire l'annexion d'un jardin ou d'un terrain à toutes les écoles normales et à toutes les écoles primaires rurales qui n'en possèdent pas encore, afin que l'instituteur fasse essayer, par les premiers élèves de l'école, les amendements, les engrais, les semis, les binages, mais surtout la taille des arbres et les pratiques de l'horticulture dont ils auront vu la recommandation dans leurs livres ou leurs devoirs écrits; exiger que des promenades agricoles aient lieu au moins une fois par semaine, sous la conduite de l'instituteur, avec un objet d'études ou même de travail déterminé, pendant la belle saison (échenillage, destruction des hannetons, sarclage des plantes, fonctionnement et avantages des machines agricoles, etc.); placer l'école normale près d'une ferme qui appartiendra soit au département, soit à un particulier, et qui sera disposée de manière qu'elle ne puisse mettre sous les yeux des élèves que les meilleurs exemples à imiter;

8° Décider qu'il sera immédiatement établi, dans tous les chefs-lieux de canton ou dans les communes centrales, des conférences agricoles et horticoles auxquelles seront tenus d'assister tous les instituteurs de la circonscription. Ces conférences auraient pour président et professeur un homme instruit dans la science agricole et capable de la transmettre avec fruit. On pourrait y admettre également tous les cultivateurs qui en exprimeraient le désir;

9° Recommander aux instituteurs de réunir, dans les soirées d'hiver, ne fût-ce qu'une ou deux fois par semaine, les adultes de leur commune, et de leur faire des lectures agricoles accompagnées d'explications et de conseils;

10° Fixer un programme général, qui servirait de base à l'enseignement, et qui serait complété par des programmes particuliers que pourraient proposer les sociétés d'agriculture, et qui varieraient nécessairement selon la culture particulière à chaque pays; accompagner l'envoi de ce programme d'instructions détaillées sur les méthodes que l'instituteur doit employer, les exercices pratiques, les devoirs oraux ou écrits et les travaux d'application qui peuvent être exécutés par les élèves de l'école;

11° Instituer, dans chaque département, des commissions prises au sein des sociétés d'agriculture ou parmi les lauréats des concours régionaux, auxquelles se joindrait l'inspecteur des écoles, et qui iraient constater les résultats de l'enseignement et donner aux maîtres des directions;

12° Enfin, instituer des concours annuels entre les élèves des écoles primaires et des classes d'adultes jugés dignes d'y être admis, et assurer aux instituteurs une rémunération réglée d'après le nombre d'élèves admis aux concours et d'après le degré et le nombre des récompenses obtenues par eux. Ces prix seraient décernés chaque année dans les comices agricoles.

Il n'est peut-être pas inutile de faire connaître ici d'une manière toute spéciale le résultat de l'inspection des écoles normales, confiée par le ministre de l'instruction publique aux inspecteurs généraux de l'agriculture.

D'après leurs rapports, l'enseignement agricole n'est complétement organisé que dans quelques-uns de ces établissements. Dans la plupart, on se contente de faire faire aux élèves des leçons théoriques par un maître adjoint étranger à la science de l'agriculture. L'enseignement horticole, au contraire, fonctionne parfaitement dans la plupart des écoles; il reste en souffrance dans sept ou huit seulement.

Pour arriver à améliorer cette situation, voici, en résumé, ce qu'ils demandent :

En ce qui concerne l'enseignement agricole :

1° Placer l'école normale près d'une ferme qui appartiendra, soit au département, soit à un particulier, et qui sera disposée de manière qu'elle ne puisse mettre sous les yeux des élèves que les meilleurs exemples à imiter ;

2° Doter chaque école d'un professeur spécial pour l'enseignement théorique ;

3° Enjoindre au professeur de se renfermer dans un programme qui devra être étudié et qui comprendra, suivant un certain ordre, les principales questions agricoles ;

4° Faire faire aux élèves, sous la conduite du professeur, de fréquentes excursions dans la campagne, et inviter ce dernier à donner dans ces promenades des explications sur une foule de détails de pratiques agricoles ;

5° Créer dans chaque école une bibliothèque agricole et mettre les élèves à même de pouvoir se servir des livres qu'elle contient, à certains moments de loisir.

En ce qui concerne l'enseignement horticole :

1° Agrandir les jardins trop petits, transformer ceux qui sont mauvais et remplacer ceux qui sont trop éloignés de l'école ;

2° Doter chaque établissement d'un praticien habile, qui serait le guide des élèves dans la théorie de l'horticulture, en même temps qu'il les initierait aux meilleures pratiques du jardinage et de l'arboriculture ;

3° Avoir dans chaque école un jardinier permanent. (Pour arriver à ce but, M. Lambezat propose une combinaison qui consisterait à trouver un concierge jardinier, dont la femme ou les enfants pourraient garder la porte pendant que le mari serait au jardin.)

Ve Partie.

Vœux émis par des particuliers en faveur de l'enseignement agricole.

Le ministre de l'instruction publique a reçu, en dehors de l'enquête qu'il a ordonnée, un grand nombre de mémoires et de lettres sur les moyens d'organiser dans les établissements d'instruction primaire un enseignement agricole et horticole conforme aux vœux et aux besoins des populations des campagnes.

Mais tout ce qui a été dit à ce sujet par les agronomes, les professeurs, les membres de conseils généraux, dans les mémoires particuliers qu'ils ont directement adressés à l'administration centrale, a été relevé et signalé par les recteurs et les préfets.

Un seul de ces mémoires contient des faits d'un grand intérêt, dont l'enquête n'a point parlé et qui méritent cependant une attention toute particulière. M. Camille Planchard, juge de paix du canton de Beaulieu, membre du conseil général de la Corrèze et président d'un comice agricole, a envoyé au ministre de l'instruction publique, le 9 mars 1867, un rapport dans lequel il fait connaître les mesures prises par ce comice pour organiser l'enseignement agricole. Nous ne pouvons mieux faire que de transcrire ici en entier cet important rapport :

« Monsieur le ministre, les vues élevées qui inspirent les actes de l'administration si bien placée sous votre direction, autorisent, en quelque sorte, tous les hommes dévoués aux progrès réels de l'instruction publique à vous adresser l'expression de leur reconnaissance, et à vous offrir le concours empressé de leur loyale coopération, selon les forces de leur situation.

« A ce double titre, je prends la liberté de soumettre à Votre Excellence les notes suivantes, pour lui faire connaître l'action utile que le comice agricole de Beaulieu (Corrèze), dont j'ai l'honneur d'être le président, exerce sur l'enseignement agricole dans les écoles primaires du canton. Elle y verra quelques détails qui l'intéresseront peut-être, et y trouvera du moins la preuve de la bonne volonté et des efforts intelligents du comice pour l'organisation de l'enseignement agricole.

« Dès sa fondation, qui remonte à 1854, le comice agricole de Beaulieu a, le premier dans le département de la Corrèze, et peut-être l'un des premiers en France, encouragé aussi efficacement que possible l'enseignement agricole dans les écoles primaires du canton. Chaque année, il consacre à cet objet si important de sa sollicitude des allocations croissantes, autant que peut le lui permettre la modicité de ses ressources. Il est, en effet, pénétré de la conviction profonde que cet enseignement est la source la plus féconde des progrès réels et durables de l'agriculture. La raison en est simple : la presque totalité des élèves fréquentant les écoles primaires rurales sont fils de cultivateurs, et destinés à être eux-mêmes cultivateurs. Par conséquent l'agriculture est pour eux la science professionnelle, la science par excellence, celle sans laquelle la plupart des autres ne pourraient que les détourner de leur vocation naturelle.

« Voici, monsieur le ministre, les faits accomplis dans cet ordre d'idées par le comice agricole de Beaulieu.

« Un manuel d'agriculture pratique, par demandes et par réponses, ayant pour titre *Manuel du cultivateur*, est mis entre les mains des élèves. Cet ouvrage, présenté à un concours ouvert en 1855 par le conseil général de la Corrèze pour favoriser la production d'un livre tout à fait adapté à l'enseignement agricole dans les écoles primaires rurales, fut couronné à la suite de ce concours, auquel trente-deux concurrents prirent part, et il a été adopté par le conseil impérial de l'instruction publique. C'est dans ce livre tout à fait pratique que les élèves des écoles primaires du canton de Beaulieu font leurs lectures courantes et qu'on choisit les dictées et les exercices de mémoire. MM. les instituteurs donnent de vive voix les explications nécessaires; quelques applications sont faites sur le terrain.

« Chaque année, à l'un des derniers jeudis de l'année scolaire, un concours général a lieu. Les six meilleurs élèves de chaque école, choisis par l'instituteur, sont appelés à y prendre part. L'épreuve est orale et par écrit. Elle se fait devant un jury désigné à cet effet par le comice, auquel se joignent MM. les maires du canton et toutes les personnes notables qui veulent bien assister à ces exercices. Pendant que, sous la surveillance de quelques membres du jury, les concurrents rédigent leur composition écrite sur des questions choisies le matin même par la commission, chacun d'eux est appelé successivement dans une pièce voisine et subit un examen oral devant le jury, auquel sont adjoints les instituteurs avec voix délibérative. Les questions ont aussi été choisies le matin même, et sont les mêmes pour tous. Des numéros de convention, de 1 à 6, indiquant le mérite comparatif de chaque réponse, sont attribués à chacune d'elles. Les compositions écrites sont corrigées d'après le même système, sans qu'on connaisse le nom du concurrent, jusqu'après l'attribution des numéros.

« Il résulte de cette double opération un chiffre total pour chaque concurrent, et, pour chaque école, un chiffre total aussi, se composant de tous les numéros attribués aux six élèves de chaque école.

« Les trois instituteurs dont l'école obtient ainsi les trois numéros les plus élevés reçoivent un diplôme d'honneur et une prime de 100 francs, 50 francs et 25 francs.

« Les six élèves qui ont obtenu les numéros les plus élevés reçoivent chacun un diplôme, un bon ouvrage d'agriculture et une prime de 10 francs. En dehors de ces primes, un premier et un second prix, dits *prix d'école*, sont décernés dans chaque école aux deux élèves qui ont obtenu les meilleurs numéros après les six lauréats du concours général. Ces prix consistent en un bon ouvrage d'agriculture.

« Afin de perpétuer, pour ainsi dire, les avantages de cette institution, en favorisant la continuation des études agricoles chez les adultes, le comice agricole ouvre encore un concours spécial, dans les mêmes conditions, à tous les lauréats des précédents concours, quel qu'en soit le nombre, qu'ils suivent ou non les cours de l'école.

« Celui d'entre eux qui obtient le numéro de mérite le plus élevé reçoit le *prix d'honneur des vétérans*. Il consiste, pour le moment, en un diplôme, une médaille en argent grand module, un bon ouvrage d'agriculture et une prime de 10 francs.

« Celui qui obtient le n° 2 reçoit un diplôme, un bon ouvrage d'agriculture et une prime de 10 francs.

« Les quatre vétérans qui se rapprochent le plus des deux premiers reçoivent chacun un bon ouvrage d'agriculture. Ils peuvent concourir indéfiniment.

« Tous les concurrents n'appartenant pas à la commune chef-lieu sont hébergés aux frais du comice.

« La distribution de toutes ces primes et distinctions se fait, aussi solennellement que possible, à la fête agricole.

« Le comice obtient d'excellents résultats de cette organisation. Depuis plusieurs années, les concurrents font preuve, pour la plupart, de connaissances agricoles pratiques parfaitement raisonnées ; plusieurs présentent même aux examinateurs les registres de la comptabilité agricole de leur petite propriété, tenus conformément aux principes expliqués dans l'ouvrage qu'ils ont entre les mains, et résolvent de vive voix et sans hésitation les problèmes les plus ardus de cette partie si essentielle de l'art agricole.

« Les conséquences du fonctionnement régulier et sérieux de ce système sont faciles à déduire, surtout si l'on joignait à l'enseignement théorique l'application sur le terrain, chose qui peut se réaliser par l'adjonction à chaque école d'un petit terrain d'expérimentation de vingt-cinq ares environ, qui ne coûterait pas plus de 20 francs de loyer à la commune, et dont le produit viendrait en aide à l'instituteur.

« Les fils de cultivateurs resteraient au village ; ils deviendraient successivement d'intelligents cultivateurs, pouvant se rendre exactement raison de chaque opération agricole ; dans dix ans, ce ne serait plus le cultivateur soigneux, instruit et habile qui serait l'exception, mais bien le cultivateur ignorant ou négligent, qui n'aurait pas voulu profiter de l'enseignement agricole mis à sa portée à l'école primaire.

« Et si cette organisation, ou toute autre mieux appropriée à l'objet proposé, était universellement adoptée dans les écoles primaires rurales de l'empire, en vertu d'une disposition législative, ce serait le véritable moyen de préparer et d'assurer le développement progressif et régulier de toute la prospérité agricole qu'il est possible d'atteindre par l'instruction professionnelle, en même temps que ce serait la plus sérieuse garantie d'ordre et de tranquillité pour l'avenir.

« Ce sont ces considérations, monsieur le ministre, qui ont déterminé le comice agricole de Beaulieu à consacrer la majeure partie des trop faibles ressources dont il peut disposer à l'encouragement de l'enseignement agricole dans les écoles primaires du canton, et les résultats obtenus le confirment de plus en plus dans cette manière d'opérer.

« J'ai eu récemment l'honneur d'exposer ces faits, par l'intermédiaire de M. le préfet de la Corrèze, à Son Exc. M. le ministre de l'agriculture, du commerce et des travaux publics, en sollicitant de son bienveillant intérêt un supplément de subvention et un certain nombre de médailles applicables exclusivement à cet objet, le plus digne, selon moi, de la sollicitude des comices agricoles, dont le but est de favoriser efficacement la prospérité de l'agriculture.

« J'ai pensé, monsieur le ministre, que l'exposé des efforts persévérants du comice de Beaulieu, pour une œuvre aussi féconde que l'enseignement agricole dans les écoles primaires rurales, pourrait intéresser Votre Excellence et la disposer à nous venir en aide par l'attribution annuelle de quelques médailles spéciales et de quelques ouvrages destinés aux instituteurs qui se distingueront le plus dans l'enseignement agricole. Ces encouragements, émanant du ministère de l'instruction publique, flatteraient tout particulièrement les instituteurs, exciteraient parmi eux une émulation croissante, et témoigneraient hautement de l'intérêt que le gouvernement de l'empereur attache à l'enseignement agricole. Ils seraient, de plus, une précieuse récompense, que je crois bien méritée, des efforts persévérants du comice pour faire prospérer cet enseignement, et une puissante excitation pour les autres comices d'entrer dans l'utile voie que nous leur avons ouverte. »

VIe Partie. — *Annexes.*

I.

Programme de l'Enseignement agricole des Écoles normales et des Écoles primaires, adopté par le conseil de l'instruction publique et prescrit par l'arrêté ministériel du 31 juillet 1851.

Notions d'agriculture : trois leçons par semaine pour les élèves de troisième année.
(Depuis le décret du 2 juillet 1866, les élèves des trois années reçoivent deux leçons par semaine.)

1° *De la culture en général.*

Terres franches. Terres fortes. Terres légères. Terres calcaires. Amendements. Engrais.

Principales productions végétales du département où est située l'école normale. Principales cultures. Leur rendement.

Prairies artificielles. Fourrages. Irrigations.

Nature des assolements. Suppression des jachères, ses avantages.

Animaux domestiques. Soins qu'ils exigent. Services qu'ils rendent. Mauvais traitements dont ils sont l'objet.

Principaux instruments aratoires. Leur emploi. Leur utilité.

Voirie. Avantages des voies de communication.

2° *De l'horticulture.*

Défonçage. Labour. Binage.
Semis et repiquage. Semis sur ados et sur couches.
Arrosage. Sarclage.
Usage des brise-vents, des paillassons, des châssis et des cloches.
Destruction des animaux nuisibles.
Récolte. Conservation des grains.
Cultures et principales espèces potagères. Plantes médicinales. Fleurs.
Notions sur la plantation, la culture, la greffe et la taille des arbres fruitiers. Conservation des fruits.

II.

Programmes de l'Enseignement de l'agriculture pour l'Enseignement secondaire spécial, arrêtés en conseil de l'instruction publique le 6 avril 1866.

1° *Géographie agricole, industrielle, commerciale et administrative de la France et de ses colonies.*

Agriculture. — L'agriculture, source première de toutes les richesses, puisqu'elle donne l'alimentation et le vêtement, la santé et la force. — Rapport nécessaire des productions avec le climat et la nature du sol. — Principales régions agricoles : région des céréales, région du maïs et de la vigne, région de l'olivier, région du mûrier. En faire connaître les conditions climatériques et en dresser la carte. Montrer que les limites de ces diverses régions ne forment pas des lignes régulières correspondant aux degrés de latitude. — Influences diverses qui interviennent dans la répartition des cultures : altitude, exposition, conditions économiques, facilité et économie des transports, constitution géologique. Expliquer de la sorte l'existence de vignobles en dehors de la région vinicole, de pays d'herbages dans la région des céréales, etc. — Permanence des anciens noms de province et de pays, dont chacun correspond le plus souvent à une même nature de terrains et aux mêmes sortes de productions.

Terres labourables. — Principaux modes d'exploitation du sol arable. — Culture nomade et semi-nomade, culture biennale, culture triennale, culture alterne et industrielle, culture maraîchère. — Indiquer les régions de la France où dominent ces diverses cultures, et signaler les pays à froment, à seigle, à sarrasin, à maïs, les pays à betteraves et les pays à pommes de terre. — Indiquer les pays où domine la culture des betteraves pour la production du sucre et de l'alcool, des plantes oléagineuses et textiles, du tabac, de la garance.

Prairies. — Conditions d'existence des prairies naturelles. — Influence du climat, nature du sol. — Hauteur du terrain au-dessus du niveau des eaux courantes. — Indiquer les principaux pays d'herbages, herbages du littoral de la Manche et de l'Océan, herbages du centre de la France, herbages des vallées. — Industries qu'elles desservent.

Prairies irriguées; principaux canaux d'arrosage.—Prairies artificielles; trèfle, luzerne, sainfoin. — Influence que ces plantes exercent dans la région sèche à céréales où elles se sont propagées.

Pâturages secs, pâtis, savarts et landes. —Indiquer les régions où ils se trouvent, à quoi ils servent, leur produit insignifiant. — Leur existence ne répond plus aux conditions de l'agriculture française. — Leur mise en valeur par la culture arable et par le reboisement. — Gazonnement des montagnes.

Vignes. —Importance de la production. — Principaux vignobles; carte des pays producteurs; étendue des vignobles. — Exportation. — Pays où se produisent le cidre, le poiré, la bière.

Arbres à fruits. — Comestibles ou de rapport industriel. — Influence du climat tempéré de la France pour la production de fruits de qualité supérieure. — Localités les plus renommées pour leurs fruits.

Jardinage, fleurs et légumes. Leur importance commerciale.

Pays où dominent le châtaignier, le mûrier, l'olivier, le chêne truffier, etc. — Commerce auquel leurs produits donnent lieu.

Forêts. — Principales essences, distribution géographique, influence du climat et de la nature du sol et du sous-sol. — Étendue des surfaces boisées. — Ensemencement des dunes et des montagnes.

Produits tirés des forêts : bois de construction, bois à brûler, liége, résine. — Principaux centres de ces productions; importance des produits.

Dresser la carte forestière de la France.

Animaux domestiques. — Rapports qui existent entre le volume, la taille et les aptitudes des races de chaque contrée avec la configuration du sol, la qualité des terres et l'altitude du pays. — Principaux pays d'élevage des chevaux, des mulets, des ânes, des animaux des espèces bovine, ovine et caprine.

Pays où sont produites les principales races de gros trait, de trait léger, les chevaux carrossiers, les chevaux de cavalerie légère. — Indiquer où s'exerce principalement l'industrie mulassière. — Pays où le bétail est spécialement élevé en vue de la production du lait et des denrées, telles que beurre et fromage, qui en dérivent.

Pays producteurs de bétail de boucherie, de bétail de travail. — Pays producteurs de moutons à laine fine, pays producteurs de moutons spécialement destinés pour la boucherie.

Porcs. — Volaille. — Importance de l'exportation de la volaille et des œufs.

Abeilles. — Miel.

Produits annuels obtenus des animaux de nos principales espèces domestiques. — Essais d'acclimatation. — Origine de nos espèces domestiques. — Animaux les plus récemment introduits en France.

Pisciculture. — Établissements principaux.

Tracer une carte des régions agricoles de la France.

Géographie agricole des diverses parties de l'Europe et des cinq parties du monde.

2° *Économie rurale.*

Du fonds agricole. — Grande, moyenne et petite propriété. — Grande, moyenne et petite culture. — Leur influence sur la production et sur la condition des personnes.

Des systèmes d'amodiation. — Le fermage. — Des longs baux. — Obstacles légaux qui s'opposaient autrefois aux baux dépassant neuf années. — Le métayage. — Ses inconvénients. — Comment, avec un propriétaire intelligent, il peut devenir un moyen de progrès. — Du capital agricole. — Du cheptel.

De l'exploitation agricole. — Des diverses cultures. — Terres de labour et prairies. — Céréales. — Prairies naturelles et prairies artificielles. — Vignes et vins. — Mûriers et industrie séricicole. — Oliviers.

Cultures industrielles et locales. — Culture maraîchère. — Du rapport nécessaire de diverses cultures dans une même exploitation. — Culture extensive et culture intensive.

Suite de l'exploitation agricole. — Le bétail. — Nécessité de rendre au sol les principes chimiques que les récoltes en ont enlevés. — Les amendements. — Les engrais naturels et les engrais commerciaux. — Le fumier. — Pâturage. — Pâtis, landes. — De l'amélioration des terres dans les pays de landes. — Bois et forêts. — De l'aménagement et des coupes.

Bois de l'État. — Le code forestier et la loi du 10 juin 1859.

Des débouchés agricoles. — Marchés. — Foires. — Influence du voisinage des villes et des chemins de fer. — Production comparée des céréales en France à diverses époques. — Autres produits. — Importations et exportations agricoles.

Écoles d'agriculture, vétérinaires et fermes-écoles. — Chambres d'agriculture, sociétés et comices agricoles.

De l'ancien système connu sous le nom d'échelle mobile. Du libre commerce des grains.

3° *Application de la zoologie à l'agriculture et à l'industrie.*

Animaux de boucherie. — Des animaux considérés comme producteurs de matières alimentaires.

De l'élevage et de l'engraissement des animaux de boucherie. Circonstances qui influent sur la rapidité avec laquelle le résultat voulu peut être obtenu et sur les rapports qui existent entre la quantité d'aliments consommés par un animal et la quantité de viande ou d'autres substances comestibles qu'il fournit.

Des animaux considérés comme producteurs de force motrice.

Poissons. — Notions sur le repeuplement des eaux.

Pelleteries. — Structure et mode de développement des poils. — Influence des saisons et des climats sur le pelage des animaux. — Animaux employés en pelleterie. — Feutrage des poils. — Chapellerie.

Laines. — Exemples de moutons à laine courte et à laine longue; mérinos, etc. — Suint. — Disposition des glandes sudorifères et sébacées de la peau.

Matières cornées. — Nature des ongles, sabots, cornes, etc. Mode de développement de ces parties tégumentaires.

Écaille. Son origine. — Fanons.

Emploi de ces matières dans l'industrie.

Insectes utiles. — Insectes qui vivent aux dépens des espèces nuisibles à l'agriculture et en limitent ainsi la multiplication; exemples : ichneumons et autres parasites.

Insectes qui, en piquant les végétaux, déterminent la formation de produits utiles; exemple : noix de galle.

Insectes dont le corps renferme des substances utiles en médecine ou dans les arts; exemples : cantharides, cochenille.

Insectes qui produisent de la cire, du miel, de la soie. Compléter l'étude des vers à soie et des abeilles considérée au point de vue agricole et industriel.

Insectes nuisibles à l'agriculture. — Faire connaître les mœurs de ces animaux, les dégâts qu'ils occasionnent et les moyens de les combattre.

Sauterelles et criquets voyageurs; exemples de dévastation produite par ces animaux en Algérie, en Orient, etc.

Insectes nuisibles au blé, etc.; charançons, teigne, alucite.

Insectes qui attaquent les arbres forestiers : scolytes, etc.; chenilles.

Insectes qui attaquent les fruits, etc. : pyrale de la vigne; larves qui se logent dans les fruits charnus, tels que les pommes et les poires.

Dans le Midi, on parlera des insectes qui attaquent les oliviers.

4° *Botanique. Étude de la nutrition des végétaux. Ses applications à la culture.*

Germination. — Faire sous les yeux des élèves les expériences mêmes de germination, c'est-à-dire leur faire semer, huit, quinze ou vingt jours avant la leçon, suivant le temps nécessaire pour leur développement, diverses graines : Froment, orge, choux, haricots. — Faire les pesées nécessaires pour leur montrer la perte en poids de ces graines à l'état desséché à 100°.

Nécessité de la présence de l'oxygène de l'air. — Dégagement d'acide carbonique sous une cloche.

Destruction d'une partie de la fécule. — Formation du sucre. — Germination en grand dans la fabrication de la bière.

Élévation de température. — Absence de coloration verte à cette époque.

Développement des feuilles cotylédonaires et de la gemmule. — Commencement de l'accroissement réel.

Conditions favorables à la germination dans la culture.

Rapports de la plante avec le sol. — Absorption par les racines. — Matières solubles seules absorbées.—Nature des matières solubles contenues dans le sol.

Composition du sol cultivé. — Changement qu'il éprouve par la culture, le drainage, les amendements, les engrais.

Rapports de la structure des racines avec l'absorption. — Terminaison des radicelles et poils radiculaires.

Influence du degré de division, de la profondeur et de la direction des racines.

Rapports de la plante avec l'atmosphère. — Transpiration. Conditions qui la font varier. — Quantité. Organes par lesquels elle s'opère.

Respiration.— Absorption ou exhalation gazeuse. Pendant la nuit, elle est analogue à celle qui a lieu pendant la germination. — Dégagement d'acide carbonique. — Perte de carbone.

Sous l'influence de la lumière solaire dans les parties vertes. — Fixation du carbone de l'acide carbonique de l'air. — Influence de ces deux modes de respiration.

Étiolement. — Insolation. — Coloration intense. — Application à la culture.

Mouvement des liquides dans la racine, les tiges et les feuilles.

Parties par lesquelles s'opère la transmission des liquides du sol jusqu'aux feuilles. — Tissus de transmission. — Fibres ligneuses et vaisseaux.

Parties de la tige dans lesquelles s'élaborent des matériaux pour la nutrition de la plante. — Parenchyme de la moelle, des rayons médullaires et du bois.

Nature de la séve ascendante.

Matières absorbées dans le sol et dissoutes sur son trajet dans la racine et la tige.

Séves sucrées de divers arbres. — Séve de l'érable, du bouleau, etc.— Palmiers à sucre.

Variations : sucre et vin de palmier à diverses époques de la végétation.

Nature des sucres élaborés ou modifiés par la transpiration et la respiration. — Latex ou sucs propres. — Séve descendante.

Fécule, sucre, etc., déposés ou sécrétés dans diverses parties du parenchyme.

Nutrition générale des plantes. — Éléments minéraux puisés dans le sol. — Cendres variant suivant le sol et la plante.

Éléments des matières organiques puisés dans le sol et dans l'air. — Origine du carbone, de l'azote, de l'hydrogène et de l'oxygène. — Influence des amendements et des engrais.

Plantes parasites.

Développement des tissus des végétaux. — Division et multiplication des cellules. — Constitution des jeunes cellules et des tissus adultes. — Soudure des tissus ; greffes.

Accroissement des divers organes et des tiges ligneuses en particulier.

La tige ligneuse persistante des arbustes et des arbres donnera lieu à l'étude de l'accroissement de ces tiges. — Formation des nouvelles couches ligneuses et corticales. —Moelle des rameaux remplie de fécule.

Bois composés de fibres ligneuses et de vaisseaux pour le transport de la séve, et de parenchyme ligneux se remplissant de fécule pour la nutrition des nouvelles pousses.

Bois plus ou moins denses, durs et résistants. Écorce fibreuse à l'intérieur, liber flexible, cordes de tilleul, d'orme, etc.

Parenchyme cortical s'accroissant ou se déchirant.—Couche subéreuse. — Liége.

Des tiges ou des rameaux de sureau, de marronnier, de chêne, de tilleul, d'orme, de vigne, servent à ces démonstrations.

Développement des rameaux et des feuilles. — Bourgeons; leur origine, leur position, leur nature, écailles qui les protégent. — Stipules.

Taille des arbres.

Moyens de multiplication par les organes de végétation. — Diverses sortes de marcottes et boutures.

Greffes. Leurs principes et leurs modifications essentielles.

Conservation des variétés individuelles par ces modes de multiplication.

Organes reproducteurs de la plante constituant la fleur.

Organes essentiels : pistils et étamines; peuvent former la fleur à eux seuls.

Ordinairement entourés d'organes protecteurs, ou enveloppes florales ; calice et corolle.

Principales modifications de ces organes; importantes pour la classification. — Nombre et disposition, soudure, régularité, irrégularité.

Étamines; leur position et leur structure.— Pollen ; son organisation.

Pistils; structure essentielle d'un pistil simple ; modification des pistils composés.

Ovule; sa constitution et ses principales modifications.

Fécondation. — Transport du pollen sur le stigmate; — circonstances qui s'y opposent ; leur importance dans la culture.—Coulage de la vigne, des blés, etc.

Développement de l'ovule; sa transformation en graine; formation des divers tissus de la graine; position et structure de l'embryon.

Fruit; ses principales modifications dépendent de la structure primitive du pistil, des avortements et du développement des divers tissus de l'ovaire.

Graine mûre; tégument; ses poils. — Coton; sa comparaison avec les aigrettes des diverses plantes.

Embryon ; disposition et proportion de ses diverses parties.

Produits divers élaborés par les plantes. — Leur siége habituel.

Fécule, sucre, inuline; huiles fixes, résines, huiles essentielles, caoutchouc, matières colorantes, alcalis et acides organiques, etc.

Applications de ces études sur la nutrition à la culture des végétaux.

5° *Botanique. Classification et Botanique appliquée.*

Principes des classifications en général. — Espèce, races, variétés, hybrides. Moyens de les conserver ou de les faire varier par la culture.

Genres et familles naturelles. Associations à divers degrés. Exemples.

Classification naturelle générale.

Classifications artificielles. — Système de Linné. — Principe des diverses méthodes.

Étude des plantes usuelles, de leur culture et de leurs emplois. — Examen des principales familles naturelles, considérées surtout au point de vue des plantes utiles, faisant partie de nos cultures ou introduites par le commerce pour l'économie domestique ou l'industrie.

Dicotylédones. — Rosacées : arbres fruitiers, à noyaux et à pépins; fraisier.

Myrtacées : giroflier.

Légumineuses : papillonacées, espèces alimentaires et fourragères :

plantes oléifères; arachis. — Cæsalpiniées : bois de teinture. — Mimosées : gommiers.

Cucurbitacées alimentaires. — Aristoloche, rafflésia, népenthes; formes remarquables.

Ombellifères alimentaires, aromatiques, vénéneuses.

Caryophyllées : œillet, saponaire. — Chénopodées alimentaires : betterave. — Polygonées : sarrasin, oseille, rhubarbe.

Urticées : chanvre, *urtica nivea*, houblon, mûrier, mûrier à papier, orme, arbre à pain.

Laurinées : camphrier, cannellier. — Renonculacées. — Nymphéacées.

Crucifères, alimentaires et oléifères. — Résédacées : gaude.

Papavéracées : pavot, opium, huile. — Linées : lin.

Vinifères : vigne.

Euphorbiacées : ricin, suif végétal, manioc, etc.

Malvacées : coton. — Tiliacées : tilleul, cacaotier.

Oléinées : olivier, frêne. — Éricacées. — Bruyères, leur extension géographique.

Labiées, produits aromatiques. — Verbénacées, bois de tech. — Bignoniacées : sésame.

Solanées : tabac; poisons de cette famille. — Convolvulacées : patate, jalap, cuscute, — Gentianées.

Rubiacées : garance, café, quinquina, etc.

Composées oléifères et alimentaires : chicorée, laitue, carthame, madia, topinambour, etc.

Amentacées : arbres forestiers et alimentaires, châtaignier, chêne, noisetier, hêtre, etc.; bouleau, aune, peuplier, saule, noyer; structure du bois de ces divers arbres.

Conifères : bois et résines; distribution géographique. — Cycadées : sagou. — Intérêt de ces deux familles au point de vue géologique.

Pour toutes ces familles, la description botanique doit être très-sommaire et s'attacher autant au mode de végétation qu'aux caractères essentiels de la fructification; la distribution géographique, la culture et les usages des plantes les plus importantes doivent être signalés en particulier.

Monocotylédones. — Liliacées alimentaires; — oignons; — asperges; — asphodèles : phormium ou lin de la Nouvelle-Zélande.

Amaryllidées : agave.

Iridées : crocus, safran. — Dioscorées : ignames. — Joncées.

Palmiers, usages très-variés : bois, fibres, fécule, sève sucrée, sucre et vin de palme, huile de palme.

Musacées : bananiers alimentaires et textiles. — Marantacées : fécule.

Zingibéracées : curcuma amomum, gingembre. — Orchidées : vanille, salep.

Graminées alimentaires : céréales, froment, seigle, orge, avoine, riz, maïs, sorgho, millet.

Graminées fourragères. — Graminées saccharifères : canne à sucre, sorgho sucré.

Cypéracées. — Aroïdées ; phénomènes singuliers de chaleur.

Tubercules alimentaires : colocase, chou caraïbe.

Cryptogames. — Fougères aromatiques, quelquefois alimentaires. — Lycopode ; sa poussière ou poudre.

Mousses, peu d'usages. — Polytrix : brosses. — Hépatiques : marchantia vulgaire.

Lichens alimentaires ; orseille et tinctoriaux.

Champignons ; classification, espèces alimentaires et vénéneuses. — Amadou. — Champignons parasites.

Maladies des végétaux : charbon, carie, rouille, ergot des céréales ; — oïdium de la vigne ; — maladies de la pomme de terre, de la luzerne, du safran, etc.

Algues. — Varechs ou goëmons. — Engrais. — Soude et iode ; espèces alimentaires.

Récapitulation d'après la nature des usages principaux.

Plantes alimentaires. — Diverses familles qui les fournissent.

Aliments accessoires. — Sucres. — Épices. — Café. — Cacao.

Plantes oléagineuses indigènes et exotiques.

Plantes tinctoriales.

Plantes résineuses et analogues. — Caoutchouc. — Gutta-percha.

Plantes textiles. Origines très-diverses.

Plantes médicinales principales.

III.

Enseignement agricole donné dans les écoles primaires.

Les notions d'agriculture sont au nombre des matières facultatives de l'enseignement primaire, et elles sont, à ce titre, enseignées avec plus ou moins de succès et de profit dans un grand nombre d'écoles.

La commission chargée de l'enquête agricole dans le département de Seine-et-Marne a remarqué avec le plus vif intérêt la méthode suivie par l'instituteur de Sourdun. M. Josseau, député au Corps législatif et président de la commission, a adressé, à cette occasion, le 13 novembre 1866, à Son Excellence M. le ministre de l'agriculture, du commerce et des travaux publics, un rapport communiqué au ministre de l'instruction publique, et qui est ainsi conçu :

« Monsieur le ministre, avant de présenter à Votre Excellence mon rapport sur l'enquête agricole de Seine-et-Marne, je lui demande la permission d'en détacher, pour ainsi dire, un chapitre, en l'entretenant d'une méthode d'enseignement agricole qui est pratiquée depuis deux ans à Sourdun, arrondissement de Provins, par M. Jeannard, instituteur primaire.

« Cette méthode m'a paru tellement efficace que je ne crois pas devoir attendre la fin de l'enquête dont la direction m'est confiée pour la signaler à l'attention de Votre Excellence.

« Dans toutes les localités où la commission s'est transportée, la nécessité de l'enseignement agricole est un des points qui ont été plus spécialement signalés à notre attention ; mais toutes les personnes que nous avons entendues à ce sujet se sont bornées à nous exprimer leurs vœux, sans nous indiquer aucun moyen simple et pratique de les réaliser.

« Le problème paraît en effet, au premier abord, bien difficile à résoudre, si l'on songe que les enfants ou même les adultes qui sortent de l'école primaire savent à peine l'indispensable, c'est-à-dire la lecture, l'écriture et un peu d'arithmétique. Comment, dès lors, le maître, qui n'a que le temps d'inculquer à ses élèves les notions les plus élémentaires, pourra-t-il arriver à créer, en outre, un enseignement spécial, tel que l'enseignement agricole? Cependant un simple instituteur de village l'a tenté et nous paraît avoir complétement réussi.

« Nous étions à Provins, lorsque nous apprîmes qu'un instituteur de l'arrondissement, M. Jeannard, de Sourdun, initiait avec succès ses élèves à la connaissance des premiers éléments de la science agricole. La commission le manda auprès d'elle et reçut avec un vif intérêt sa déposition.

« Le système de M. Jeannard est fort simple et pourrait être appliqué dans toutes les écoles primaires. Votre Excellence verra, d'après le programme ci-joint, que le cours d'agriculture est professé les mardi et samedi de chaque semaine et est divisé en deux parties : 1° l'enseignement oral ou par leçons ; 2° l'enseignement écrit ou par devoirs.

« L'enseignement oral forme la matière de trente-six leçons, où sont traitées les questions les plus intéressantes et les plus pratiques de la science agricole, telles que celles des labours, des irrigations, des engrais, des instruments aratoires, du drainage, des semailles, des procédés à employer pour sauver les récoltes du mauvais temps, de l'élève du bétail, de l'arboriculture et des différents modes de greffer, enfin de la comptabilité agricole.

« L'enseignement écrit, ou par devoirs, comprend des devoirs variés, présentés aux élèves sous forme de dictées, de problèmes, d'exercices pratiques de rédaction, se référant tous à l'agriculture.

« Ainsi les dictées roulent sur les avantages de la profession du cultivateur, sur des modèles de pétitions, soit pour réclamer une décharge ou une réduction de prestations en nature, soit pour demander un alignement ; ou sur des maximes agricoles, ou sur l'histoire de quelque grand agriculteur, comme Olivier de Serres et Mathieu de Dombasle ; quelquefois les dictées ne font que reproduire certaines parties de l'enseignement oral, sur les labours et les engrais par exemple.

« Les problèmes roulent sur la quantité d'hectolitres de chaux nécessaire au chaulage d'une pièce de terre ayant une contenance de tant d'hectares; sur le prix qu'on doit payer aux ouvriers qui ont entrepris de faucher une prairie dont la superficie doit être, au préalable, déterminée par une opération d'arpentage, etc., etc.

« M. Jeannard fait, en outre, copier par les enfants diverses espèces de tableaux, sur lesquels Votre Excellence n'aura qu'à jeter les yeux pour en apprécier l'utilité. Le premier est relatif à la description de divers instruments aratoires employés aujourd'hui dans les cultures perfectionnées; le deuxième, aux divers moyens de préparer le sol; le troisième, aux diverses plantes agricoles et aux terrains qui conviennent à chacune d'elles; le quatrième, à un assolement quadriennal; le cinquième, à la tenue d'un livre-journal; le sixième, à un inventaire agricole, terminé par une balance des profits et pertes d'une année sur l'autre.

« Votre Excellence peut déjà, par cet exposé, apprécier les avantagess de la méthode de M. Jeannard. D'abord, en ne consacrant que les mardis et samedis à l'enseignement agricole, il en rehausse la portée, et il lui est plus facile de tenir en haleine l'attention et l'intérêt des enfants; puis, les applications pratiques qu'il leur met à chaque instant sous les yeux leur rendent plus sensibles les notions théoriques qu'il leur a données. Ainsi, après avoir parlé de l'art de greffer les arbres, il leur montre comment on greffe, en opérant lui-même, sous leurs yeux, dans le jardin attenant à l'école.

« Enfin, les cahiers de devoirs qu'il leur dicte, les tableaux qu'il fait faire, forment un petit bagage scientifique, un commencement d'archives, propres à inspirer le goût et à donner la science de l'agriculture.

« Cette méthode d'enseignement est de nature à retenir les enfants, soit comme ouvriers, soit comme chefs d'exploitation, aux travaux de la campagne.

« Je joins ici les pièces que m'a remises M. Jeannard, et qui sont :

« 1° Le programme de l'enseignement oral;

« 2° Deux cahiers de devoirs écrits, appartenant chacun à un élève différent.

« La commission a été tellement frappée des avantages qu'on peut obtenir par cet enseignement, que j'ai cru devoir signaler ces faits d'une manière spéciale et anticipée. »

Programme du Cours d'Enseignement agricole professé aux enfants de l'école primaire de Sourdun.

Le cours d'agriculture a lieu le mardi et le samedi de chaque semaine. Ce cours est divisé en deux parties : 1° l'enseignement oral ou par leçons ; 2° l'enseignement écrit ou par devoirs, qui n'est que l'application et, pour ainsi dire, la pratique du premier.

Enseignement oral ou par leçons. — Sommaire ou résumé des leçons expliquées, étudiées et revues depuis le 1er janvier 1865, époque à laquelle a commencé le cours[1].

1re leçon. — Définition et importance de l'agriculture. Nécessité de l'apprendre par principes. — Personnel de l'agriculture; qualités qui doivent distinguer les maîtres et les domestiques. — Exploitation rurale; division des terres qui composent une exploitation.

2e leçon. — La terre au point de vue agricole; sol, sous-sol; composition du sol. — Division des terres cultivables quant à leurs qualités; terres franches, terres fortes, terres légères, terres chaudes, terres froides.

3e leçon. — Préparation du sol pour la culture. Amendements, principaux amendements.

4e leçon. —De la chaux et de la marne; du chaulage et du marnage; leurs effets sur les terres. Emploi du sable et de l'argile comme amendements.

5e leçon. — Des stimulants. Emploi des cendres et du plâtre. Notice sur Franklin.

6e leçon. — Des engrais; différentes espèces d'engrais; engrais animaux. Emploi des purins; guano.

7e leçon. — Engrais végétaux, engrais verts : les tourteaux, les marcs, les varechs et les algues.

8e leçon.—Engrais mixtes; fumiers. Importance première des fumiers; leur conservation et leur emploi : composts.

9e leçon. — Des instruments aratoires; deux catégories : 1o Instruments servant pour les travaux exécutés à l'aide des attelages (la charrue, la herse, le rouleau, l'extirpateur, le scarificateur, la houe à cheval); 2o Instruments servant pour la culture à bras.

10e leçon. — Des labours; leur importance. Conditions d'un bon labour; hersages, binages, sarclages.

11e leçon. — Du drainage; son utilité. Exécution et prix de revient d'un système de drainage.

12e leçon. — Des défrichements. Défrichement des terres incultes : écobuage. — Défrichement des terrains boisés.

13e leçon. — Des irrigations; différentes manières d'irriguer; effets précieux des irrigations.

14e leçon. — Des plantes agricoles; cinq grandes divisions. Des céréales; principales céréales.—Culture du froment; ses variétés. Semailles du froment. Du chaulage.

15e leçon. — Culture du froment (suite). Différentes manières de semer; avantages du semoir; quantité de semence nécessaire; époque des semailles.

16e leçon. — Culture du froment (suite). Travaux après les semailles, travaux d'entretien; récolte; instruments dont on se sert pour moissonner; avantages de la sape flamande.

1. Les élèves ont entre les mains le *Manuel* de M. Hallez d'Arroz et la *Chimie agricole* de Malagutti (petit cours).

17e leçon. — Soins à donner aux blés coupés ; usage des moyettes.

18e leçon. — Culture du seigle. Ses usages ; terrains qu'il affectionne ; ses variétés. — Méteil ; du pralinage.

19e leçon. — Culture de l'orge. Usages de ses produits ; rusticité de l'orge ; terrains qu'il préfère cependant ; variétés d'orges ; précautions qu'exige la récolte de cette céréale.

20e leçon. — Culture de l'avoine. Ses usages ; terres qu'elle affectionne ; variétés d'avoines. Époque de la semaille et quantité de semence. Récoltes après lesquelles l'avoine réussit le mieux. Moisson de l'avoine ; usage des moyettes.

21e leçon. — Culture du maïs. Ses usages ; sols qui lui conviennent. Cette plante est très-épuisante. — Culture du sarrasin ou blé noir. Ses usages. Culture dérobée.

22e leçon. — Des plantes fourragères. Sans fourrages point d'agriculture possible. — Des prairies naturelles ; travaux d'entretien qu'elles exigent.

23e leçon. — Des prairies artificielles. — Leur immense importance au double point de vue de la production des fourrages et de l'amélioration des terres. — Culture du trèfle. — Culture de la luzerne. Usage du plâtre. — Culture du sainfoin et des vesces.

24e leçon. — Récolte des plantes fourragères ou fenaison. Conditions dans lesquelles doit être faite la fenaison. Regains.

25e leçon. — Des légumineuses. Principales légumineuses cultivées. Manière de semer les légumineuses.

26e leçon. — Des plantes sarclées ; avantages précieux de cette culture. Ce qu'on entend par plantes améliorantes et par plantes épuisantes.

27e leçon. — Culture de la pomme de terre. Ses usages ; terres qu'elle affectionne ; époque de la plantation ; binage et buttage ; maladie de la pomme de terre. Notice sur Parmentier. — Culture du topinambour.

28e leçon. — Culture de la betterave. Ses usages, ses variétés ; sols qu'elle préfère ; préparation du sol pour cette culture. Époque de la semaille. Nombreux binages. — Culture de la carotte, des navets, etc.

29e leçon. — Des plantes industrielles. — Plantes textiles. — Culture du chanvre et du lin. Usages de leurs produits.

30e leçon. — Des plantes oléagineuses. Culture du colza, de la navette, de la cameline, du pavot ou œillette. Usage de leurs produits.

31e leçon. — Des plantes tinctoriales. Culture de la garance, du pastel, de la gaude. Leurs usages.

32e leçon. — Des assolements. Nécessité des assolements. Assolement triennal ; ses défauts. Assolement alterne ; ses avantages.

33e leçon. — Animaux domestiques. Importance du bétail. Soins à donner aux bestiaux ; logement, propreté, nourriture, bons traitements.

34e leçon. — Arboriculture. — Principes généraux. Du verger. Modes de reproduction des arbres.

35e leçon. — Arboriculture (suite). — De la greffe ; études des trois principales manières de greffer. Plantation et taille des arbres ; soins d'entretien. (Tous ces principes ont reçu une application pratique dans le jardin de l'école.)

36e leçon. — Comptabilité agricole. — Livre journal. Inventaire. (La rédaction d'un journal factice est imposée, comme devoir, aux élèves, qui représentent leur travail à la fin de chaque semaine pour la correction.)

Enseignement écrit ou par devoirs. — Cette seconde partie du cours comprend quantité de devoirs variés, présentés aux élèves sous forme de dictées, de problèmes, d'exercices pratiques de rédaction, etc.

Dictées. — Ces exercices d'orthographe sont extraits d'auteurs très-recommandables, qui ont traité de la science agricole, et dont les ouvrages ont été pour la plupart couronnés.

Nos dictées ont été tirées notamment de M. Hugot : *Avantages de la profession de cultivateur; L'ouvrier agricole et l'ouvrier des villes; Instruction nécessaire au cultivateur; Qualités qui doivent le distinguer;* M. Pinet : *Préceptes d'agriculture ;* M. Dunand : *Biographie des hommes illustres : Olivier de Serres, Sully, Franklin, Mathieu de Dombasle, Parmentier;* M. Vianne : *du Bétail; Avantages du sel pour l'élève du bétail;* M. Malaguti : *Théorie des assolements ;* M. Louis Gossin : *Manuel classique d'agriculture.*

Problèmes. — Les exercices d'arithmétique sont composés de questions *usuelles*, d'une application journalière, sur la science agricole, notamment sur l'économie rurale, sur les amendements, les stimulants et les engrais, sur le drainage et les irrigations; sur les assolements et sur les différentes cultures des plantes agricoles; enfin, sur la géométrie pratique, l'arpentage et le toisé.

Exercices de rédaction. — Ces exercices comprennent la rédaction d'une foule de formules dont le cultivateur a besoin chaque jour, telles que formules pour réclamations relatives aux diverses contributions et à la taxe municipale sur les chiens ; demandes ou pétitions à l'autorité supérieure, soit pour réparer ou construire sur la voie vicinale, soit pour obtenir un alignement, etc.; factures, mémoires, sous-seings privés divers ; rédaction du livre-journal, première et indispensable condition d'une bonne comptabilité agricole.

Enfin, et comme résumé des leçons apprises, tableaux d'agriculture indiquant : 1° les moyens par lesquels le sol est préparé pour la culture ; 2° les instruments aratoires ; 3° la description d'une charrue ; 4° les plantes agricoles avec les usages de leurs produits ; 5° un modèle d'assolement alterne avec rotation de quatre années.

IV.

Projet d'un cours d'Enseignement agricole pour les élèves des écoles communales de la campagne, proposé par M. Lalire, instituteur communal à Verzy (Marne).

Depuis longtemps déjà on s'occupe de l'introduction de l'enseignement de l'agriculture dans les écoles primaires de nos campagnes; partout on en sent le besoin, et l'on n'a pu y parvenir encore, malgré les efforts tentés par les associations agricoles, l'administration de l'instruction publique et les instituteurs eux-mêmes.

Deux questions se présentent naturellement quand on s'occupe de l'enseignement agricole de nos campagnes : 1° Quelles sont les causes qui empêchent cet enseignement de s'établir dans nos écoles primaires? 2° Dans le cas où il serait possible de l'y introduire, dans quelles conditions et sous quelle forme devrait-il être donné?

La loi du 15 mars 1850 impose aux instituteurs un programme obligatoire comprenant l'instruction religieuse et morale, la lecture, l'écriture, le système des poids et mesures, les éléments du calcul et de la langue française; on vient d'y ajouter la géographie et l'histoire de France. Bien que ce programme soit restreint aux connaissances les plus strictement indispensables, il est encore impossible aux instituteurs, malgré tout le zèle qu'ils y apportent, de le remplir à l'égard d'un grand nombre d'élèves. Il ne faut donc pas songer à introduire de nouvelles matières d'enseignement, qui prendraient un temps assez considérable au détriment de celui qui est accordé aux matières obligatoires, avant que les parents ne se soient décidés à sacrifier les minces avantages qu'ils retirent du travail de leurs enfants pour leur assurer une instruction dont ils retireront plus tard un profit bien plus important.

Une autre cause qui s'oppose à l'introduction de l'agriculture dans nos classes, c'est l'absence de programme déterminé et de livres s'appliquant à cet enseignement. Il existe un assez grand nombre de petits traités d'agriculture; j'en ai étudié beaucoup, et je n'en ai vu aucun qui réunisse les qualités nécessaires à un livre d'enseignement élémentaire. Ces ouvrages, rédigés généralement par des hommes distingués sans doute, mais étrangers à l'enseignement, manquent de méthode, emploient un langage qui n'est pas à la portée des élèves de nos écoles, et souvent le maître doit passer plus de temps pour faire comprendre les termes dont se sert l'auteur que pour expliquer les faits qui font l'objet de la leçon. D'autres procèdent d'une manière tout à fait opposée, et, sous prétexte de se mettre à la portée des enfants, ils se servent d'un langage trivial.

Si, après avoir examiné la forme des livres, on veut se rendre compte des matières qu'ils traitent, on s'apercevra combien, dans le vaste champ de la science agricole, les auteurs diffèrent sur les principes qu'il convient de présenter à l'étude des enfants et des jeunes gens de nos campagnes.

Les questions données par l'un comme fondamentales sont à peine indiquées par un autre ; un troisième n'en parle même pas du tout. Celui-ci insiste sur la culture des plantes saccharifères, celui-là sur les mûriers, un autre sur telle ou telle fourragère plus ou moins connue. Chacun se place à un point de vue particulier, et alors l'ouvrage pourrait tout au plus servir dans des circonstances particulières ou pour une localité déterminée ; ou bien il se place à un point de vue tellement général, qu'en voulant toucher à tout il se met dans l'impossibilité de rien dire d'utile.

D'un autre côté, tous les instituteurs n'ont pas fait de l'agriculture une étude spéciale, de manière à pouvoir l'enseigner, et l'état actuel des choses à cet égard ne peut guère les décider à entreprendre une étude dont les principes ne sont pas du tout fixés comme matière d'enseignement. Si on leur présentait un ensemble de principes certains renfermés dans un programme bien déterminé, si on leur envoyait surtout des élèves à qui ils pussent s'adresser, je les connais assez pour affirmer qu'ils seraient bientôt en état de faire un cours utile et qui produisît des résultats avantageux.

S'il est impossible de faire un cours régulier d'agriculture dans les écoles de nos communes rurales, est-ce à dire qu'il n'y a rien du tout à faire ? Je suis bien loin de le penser. Je crois au contraire qu'on peut arriver au même but par un moyen un peu détourné, mais qui s'applique très-bien à nos classes, moyen que plusieurs emploient avec avantage pour donner à leurs élèves des connaissances utiles qui ne sont pas comprises dans les programmes officiels, et qui m'a servi à former plusieurs élèves qui dirigent avec intelligence des exploitations importantes. C'est la lecture. Sans doute ce moyen n'est pas nouveau. M. le président du comice l'a recommandé aux instituteurs, et beaucoup d'entre eux le pratiquent. Mais nous rencontrons là l'inconvénient signalé plus haut, en ce qui concerne les livres. Dans telle commune on lit tel auteur, dans une commune voisine on lit tel autre, c'est-à-dire des choses tout à fait différentes et souvent aussi peu appropriées l'une que l'autre à la localité.

Quelles sont donc les conditions que doit remplir un bon livre d'agriculture destiné à la lecture dans les écoles primaires ?

Si nous examinons comment on procède dans les établissements d'instruction spéciale organisés par l'État ou par les villes en vue de favoriser les progrès de telle ou telle industrie, nous voyons qu'on commence par porter au programme les principes fondamentaux de la science que l'on veut enseigner ; puis, choisissant parmi les applications celles qui ont un rapport plus direct avec l'industrie pour laquelle l'établissement est créé, on les étend, on les développe, et l'on forme ainsi des jeunes gens qui, ajoutant l'expérience aux principes acquis, deviendront des hommes utiles à eux-mêmes et à la société.

Cet exemple nous trace la marche que nous devons suivre pour l'enseignement de l'agriculture. Donner d'abord les principes fondamentaux, vrais partout et toujours : la connaissance des terrains, des amendements, des engrais, des assolements, etc., puis insister sur les faits particuliers à l'agriculture de notre localité, voilà, à mon sens, dans quel esprit doit être rédigé un programme d'enseignement agricole et ce qu'on doit trouver dans un bon livre d'agriculture.

Qu'ensuite le livre soit d'une lecture facile, que les matières soient présentées de telle sorte que les faits, tout en conservant la relation qui existe nécessairement entre eux, se détachent bien les uns des autres et puissent être présentés séparément et sans confusion; que chaque leçon laisse à l'esprit des enfants la satisfaction d'une connaissance acquise, et partout on s'empressera de le mettre entre leurs mains; et l'introduction de l'enseignement agricole dans nos écoles communales ne rencontrera plus d'obstacles sérieux.

J'ai essayé de faire un programme d'après ces données, et j'ai tracé dans tous ses détails le plan d'un livre qui fût à la fois en rapport avec les besoins des habitants et approprié à l'état actuel de nos écoles.

Après une courte introduction, considérant que dans la Champagne, dans le département de la Marne en particulier, nous devons surtout enseigner les principes de l'agriculture proprement dite, c'est-à-dire ceux qui sont relatifs à la culture des plantes servant à l'alimentation de l'homme et des animaux, j'ai classé les matières d'enseignement sous huit titres principaux, qui sont : 1° le sol, 2° labours et instruments aratoires, 3° substances fertilisantes, 4° plantes de la grande culture, 5° assolements, 6° défrichements et assainissements, 7° animaux domestiques, 8° machines agricoles; j'en ai ajouté ensuite deux autres, les vignes et les arbres fruitiers. J'ai développé sur chacune ce qu'il importe aux jeunes gens de nos campagnes de connaître plus spécialement.

Le tout se trouve divisé en cent vingt lectures traitant chacune autant que possible un fait particulier, et pouvant contenir deux pages au moins et trois pages au plus, de manière que chaque lecture puisse être lue deux fois dans une leçon. Ce livre aura environ trois cents pages de texte au plus, le prix n'en sera pas élevé, et il pourra être vu au moins deux fois dans une année.

Chaque lecture sera suivie d'un questionnaire qui gravera la leçon dans la mémoire. De temps en temps, on pourra demander aux élèves quelques devoirs d'applications, surtout dans les leçons d'arithmétique, qu'on peut avec avantage diriger plus spécialement vers les questions agricoles; si les élèves sont avancés et font des devoirs de style, on pourra leur donner quelques questions agricoles à traiter. De cette façon, les élèves de la première division auront reçu des leçons utiles sans que les matières obligatoires aient eu à en souffrir. Si le maître a insisté sur les questions que nous proposons de faire toujours après chaque lecture, si, ce dont nous ne doutons pas, il a donné toutes les explications nécessaires, les élèves posséderont à la fin de l'année les principes les plus indispensables de l'agriculture, principes qu'ils pourront étendre plus tard selon leurs besoins et d'après leur expérience.

J'ai rejeté du programme tout ce qui n'est pas dans les habitudes de l'agriculture de notre département, je n'ai fait qu'indiquer les cultures industrielles. Je n'ai pas parlé de ces cultures lucratives, mais qui exigent les secours d'une population nombreuse : il m'a paru qu'elles ne devaient pas s'introduire de sitôt chez nous. Je crois que les cultivateurs doivent plutôt chercher à mettre en bon état de culture toutes les terres qui sont à leur disposition, que de chercher à introduire de nouvelles plantes industrielles, dont le succès est encore pour eux un problème à résoudre.

Programme du cours.

Introduction. — 1re lecture. — La terre. — Tout vient de la terre. Tout y retourne. — Culture de la terre. — Division de l'art de la culture en ses différentes branches : agriculture, horticulture, arboriculture, viticulture, sylviculture, sériciculture, etc.

On pourrait placer au commencement de cette lecture le morceau de Fénelon : « Rien n'est, ce semble, plus vil que la terre... »

2e lecture. — Importance de l'agriculture. — Ses agréments, son influence morale. — Avantages particuliers qu'elle procure à ceux qui s'y livrent : santé, bien-être plus facile, vie plus commode, etc.

Cette lecture a pour but de faire aimer l'agriculture.

3e lecture. — Ce qu'était l'agriculture dans les temps anciens et au moyen âge : chez les Hébreux, les Égyptiens, les Romains, en France au moyen âge.

Faire ici, dans un cadre restreint, le tableau de l'agriculture depuis les temps les plus reculés jusqu'à présent, afin de faire remarquer l'importance que les hommes y ont toujours attachée.

Questions à faire sur chaque lecture.

Du sol. — 4e lecture. — Couche arable ou sol cultivable. — Sol profond, sol léger, sol tenace, sol riche, sol pauvre.

Applications. — Reconnaître sur le territoire de la commune et sur les territoires des communes les plus rapprochées les lieux dits à sol pauvre, à sol riche, à sol léger, etc.

5e lecture. — Composition du sol. — Division des sols : sol calcaire, sol argileux, sol sablonneux, sol argilo-calcaire, sol argilo-sablonneux, sol limoneux, sol tourbeux, etc.

Le département de la Marne offrant à la culture une grande variété de terrains, il m'a paru nécessaire d'insister sur les caractères qui les distinguent, comme aussi sur les récoltes qui leur conviennent plus spécialement. La connaissance des sols étant bien acquise, il sera plus facile d'expliquer les cultures qui conviennent à chaque espèce de plante; la question si importante des assolements deviendra plus claire et plus précise.

6e lecture. — Sol calcaire ; ses avantages et ses inconvénients; récoltes qui lui conviennent.

7e lecture. — Sol argileux; ses caractères, ses avantages et ses inconvénients; récoltes qui lui conviennent.

8e lecture. — Sols sablonneux ou graveleux; caractères particuliers, inconvénients et avantages qu'ils présentent; récoltes qui leur conviennent.

9e lecture. — Des limons; caractères particuliers; avantages et inconvénients qu'ils présentent; récoltes qui leur conviennent.

10e lecture. — Des sols tourbeux; cause de leur stérilité; comment ils peuvent devenir fertiles; récoltes qui leur conviennent.

11e lecture. — Caractères particuliers d'un bon sol, sa composition et ses propriétés.

12e lecture. — Des sols humides. — Assainissement.

13e lecture. — Du sous-sol et de son influence sur la valeur du sol. — Comment le sous-sol peut servir à améliorer le sol en lui apportant les éléments qui lui manquent.

Applications. — Reconnaître le sol des différents lieux dits de la commune et des communes voisines. Reconnaître également le sous-sol.

Faire ressortir les qualités et les défauts de chacun des sols et des sous-sols du territoire de la commune.

Des labours et des instruments aratoires.—14e lecture.—Des labours. — But des labours. — Action des éléments et des agents atmosphériques sur le sol.

15e lecture. — Les labours doivent varier selon le but qu'on se propose. — Qualités principales d'un bon labour.

16e lecture. — Suite des labours. — Labours profonds, labours superficiels. — Versage, retranchage, labours d'automne, labours d'hiver. — Jachère et demi-jachère; façons qu'elles exigent.

17e lecture. — Des labours à la charrue.— Différentes espèces de charrues : charrues à roues, araires, charrues tourne-oreille, brabans, etc.

18e lecture.—Des hersages.— Herses : herses ordinaires, herse Valcour. — Extirpateur. — Scarificateur. — Du travail de ces instruments.

19e lecture. — Des autres instruments destinés à la culture du sol : fouilleurs, buttoirs, houes à cheval, rouleaux.

20e lecture. — De ceux des instruments aratoires qui peuvent être employés partout; de ceux qui ne peuvent être employés que dans la grande culture.

Applications.—Quels sont les instruments mentionnés dans les lectures précédentes qui sont en usage dans la commune et dans les communes voisines? Quels avantages en retire-t-on? Quels sont ceux qui ne sont pas employés? Pourquoi ne le sont-ils pas? Y aurait-il avantage à les employer? Pourquoi?

Questions à faire sur chaque lecture.

Des substances fertilisantes. — 21e lecture. — De l'humus ou terreau. De son effet dans le sol. — Il fournit aux plantes une partie des aliments dont elles ont besoin ; il retient dans le sol l'humidité nécessaire à la végétation ; il favorise l'ameublissement du sol.

22e lecture. — Des substances fertilisantes en général : engrais, amendements stimulants; leurs effets dans le sol et sur la végétation ; différences qui les caractérisent.

J'ai accordé une large place à la question des engrais ; je crois qu'on ne doit pas craindre d'entrer ici dans les détails les plus minutieux : dans la plus grande partie du département, on laisse perdre une quantité considérable d'engrais de toute nature, qui, utilisés convenablement, augmenteraient de beaucoup la richesse du sol.

23e lecture. — Des engrais animaux. — Du fumier : fumier de cheval, de vache, de mouton, de porc.

24e lecture. — Des soins à donner aux étables, écuries, bergeries, sous le rapport de la production du fumier.

25e lecture. — Confection des fumiers. — Mélange des fumiers. — Fermentation.

26e lecture. — Transport des fumiers sur le terrain. — Enfouissage.

27e lecture. — Des engrais liquides en général. — Des eaux de cuisine, de lessive, de lavage des appartements, etc., qu'on laisse perdre habituellement. — Du purin.

28e lecture. — De l'emploi des engrais liquides ; récoltes auxquelles ils conviennent.

29e lecture. — Des fumures. — Quantité de fumier par hectare.

La question des fumures me paraît, avec celle des assolements, une des questions capitales pour notre agriculture champenoise. Les fumures devront toujours être faites de façon que le fumier soit employé tout entier à l'accroissement des plantes, qu'aucune déperdition n'ait lieu, soit par l'infiltration, soit par l'écoulement des eaux. Pour cela, il faut tenir compte de la nature du terrain, de son exposition, de l'époque de la fumure, etc. Il est nécessaire d'entrer dans de grands détails à cet égard.

30e lecture. — Suite de la précédente.

31e lecture. — Des composts.

32e lecture. — De l'engrais humain ; des moyens de l'utiliser dans toutes les exploitations.

33e lecture. — Guano. — Tourteaux. — Noir animal. — Chiffons de laine.

34e lecture. — Poudrette. — Colombine.

35e lecture. — Boues de ville. — Engrais provenant des établissements d'équarrissage.

36e lecture. — Des engrais du commerce. — Engrais Jaufroy, engrais Bickès, etc., engrais concentrés.

37e lecture. — Du sel comme engrais et de ses autres emplois en agriculture.

38e lecture. — Des acquisitions d'engrais. — Principes qui doivent servir de guides aux cultivateurs à cet égard. A quelles conditions ces acquisitions doivent se faire et dans quelles circonstances.

39e lecture. — Des engrais verts et de leur emploi; avantages et inconvénients.

40e lecture. — Des amendements et de leurs effets dans le sol.

41e lecture. — Différentes substances employées comme amendements. — De la marne : différentes espèces de marnes; leurs caractères. Terrains où elle convient.

42e lecture. — Quantité de marne par hectare. — Prix.

43e lecture. — De la chaux. — Terres auxquelles elle convient. — Son emploi. — Dosage.

44e lecture. — Cendres pyriteuses et sulfureuses. De leurs effets dans le sol et sur la végétation. Terres auxquelles elles conviennent.—Dosage.

Les cendres minérales rendent d'immenses services aux vignobles de la montagne. Elles peuvent être également employées en agriculture avec un grand avantage, mais il faut bien se garder d'en abuser. Cette lecture devra donc être bien étudiée, afin de ne donner que des conseils sûrs.

45e lecture. — Des stimulants. — Du plâtre et de son action sur les prairies artificielles. — Mode d'emploi. — Quantité par hectare.

46e lecture. — Des cendres de foyer. — Des cendres de tourbe et de leur importance pour certaines parties du département. — Cendres de tuileries. — Charrée. — Suie.

Applications. — La production et l'acquisition des engrais, l'emploi des substances fertilisantes de toute nature, donnent lieu à un grand nombre de problèmes d'arithmétique qu'il est bon de proposer aux élèves à titre de devoirs de calcul.

Questions à faire sur chaque lecture.

Plantes de la grande culture. — 47e lecture. — Classification des plantes.—Céréales fourragères annuelles, fourragères pérennes, racines, plantes industrielles. — Plantes épuisantes, plantes améliorantes.

48e lecture. — Céréales. — Froment. — Différentes variétés de froment. — Variétés convenant à la culture du pays. — Froment d'hiver, froment d'été.

49e lecture. — Préparation du sol : labours, hersages, roulages. — Époque de l'ensemencement, temps favorable.

50e lecture. — Choix et préparation de la semence. — Chaulage. Pralinage.

51e lecture. — Récolte du froment; différents procédés en usage. — Gerbes, moyettes, etc.

52e lecture. — Conservation des gerbes. — Granges. — Meules. — Battage, conservation du grain.

53e lecture. — Seigle. — Préparation du sol. — Ensemencement. — Récolte.

54e lecture. — De l'importance du seigle pour la Champagne. — Méteil. — Du seigle comme fourrage vert.

55e lecture. — De l'orge. — Variétés. — Orge d'hiver. — Préparation du sol. — Ensemencement. — Récolte et conservation.

56e lecture. — De l'avoine. — Variétés. — Récolte, etc.

57e lecture. — Du sarrasin. — Époque de l'ensemencement. — Son utilité pour la destruction des mauvaises herbes. — Du sarrasin comme fourrage.

58e lecture. — Plantes fourragères. — Luzerne; terres auxquelles elle convient; culture du sol; fumure.

59e lecture. — Suite de la luzerne. — Mode d'ensemencement; quantité de graine par hectare; rendement; durée; défrichement.

60e lecture. — Du trèfle. — Préparation du sol, mode d'ensemencement; rendement.

61e lecture. — Du sainfoin. — Culture du sol; mode d'ensemencement; durée. Variétés à deux coupes.

62e lecture. Du rôle important que joue le sainfoin dans la mise en valeur des terres incultes de la Champagne comme plante améliorante et comme pâturage.

63e lecture. — Trèfle incarnat; sa précocité. — Trèfle blanc; ses avantages comme pâturage.

64e lecture. — Lupuline ou minette dorée; ses avantages comme pâturage. — Des mélanges des diverses plantes fourragères.

65e lecture. — Récolte, fenaison et conservation des plantes fourragères composant les prairies artificielles.

66e lecture. — Plantes fourragères annuelles. — Vesces d'hiver ou dravières; vesces d'été. — Culture du sol, ensemencement. — Consommation en vert ou après leur maturité.

67e lecture. — Pois, gesses ou jarosses. — Culture du sol, ensemencement. — Consommation. — Mélanges.

68e lecture. — De quelques autres plantes fourragères annuelles: maïs, millet, sorgho, navette, chicorée, etc.

69e lecture. — Des plantes sarclées. — De leur utilité pour l'ameublissement du sol et la destruction des mauvaises herbes. — Des avantages que présentent les plantes-racines pour la nourriture des bestiaux.

70e lecture. — De la pomme de terre. — Choix des variétés. — Plantation, binages. — Maladie. — Rendement.

71e lecture. — De la betterave. — Culture du sol. — Choix des variétés. — Semis et repiquages. Binages et sarclages. Récolte. Rendement.

72e lecture. — Navets. — Rutabagas. — Choux-raves, etc. — Culture, soin, etc.

73e lecture. — De la conservation et de l'emploi des racines. — Celliers, caves, silos. Coupe-racines.

74e lecture. — Plantes industrielles. — Ce qu'on entend par plantes industrielles. — Plantes à sucre. — Plantes oléagineuses. — Plantes textiles. — Plantes tinctoriales.

75e lecture. — Suite de la précédente.

76e lecture. — Des prairies naturelles. Différentes espèces de prairies naturelles : pacages, marais ; prairies proprement dites. — Caractères principaux d'une bonne prairie ; plantes qui la composent.

77e lecture. — Établissement des prairies naturelles ; dans quelles conditions elles peuvent être établies avantageusement ; soins à leur donner ; fumure.

78e lecture. — Irrigation. — Importance des irrigations ; mode ; tracé des rigoles et des fossés. Époque et durée des arrosages.

Questions à faire sur chaque lecture.

Des assolements. — 79e lecture. — Qu'entend-on par assolement ? — Qu'est-ce qu'une sole ? — Exemples d'assolement ; assolement biennal, triennal. — Différence entre l'assolement et la rotation.

On ne saurait trop insister sur cette question. Il est très-important de bien développer les principes sur lesquels elle repose.

80e lecture. — L'amélioration du sol, base de tout assolement. — L'assolement doit fournir une quantité de fumier suffisante pour les besoins de l'exploitation et pour la maintenir dans un état d'amélioration constante. — Circonstances qui permettent de s'écarter de cette condition de rigueur.

81e lecture. — De la proportion des plantes fourragères, pérennes et annuelles, des racines et des céréales dans l'assolement.

82e lecture. — De la rotation. — Principes qui doivent guider les cultivateurs dans la succession des récoltes à confier à la terre. — Conditions que doit remplir la rotation.

83e lecture. — Rotation triennale, ses inconvénients. — Rotation alterne, ses avantages. — Exemples de rotations les plus employées dans le département.

84e lecture. — De la jachère, de ses avantages et de ses inconvénients. — De son rôle véritable dans la rotation.

85e lecture. — Des moyens les plus judicieux d'amener une exploitation en retard à un bon état de culture.

Applications. — La question des assolements donne lieu à un grand nombre de problèmes d'arithmétique qui peuvent être donnés avantageusement comme exercices de calcul.

Reconnaître les assolements en usage dans la commune et dans les communes voisines. Sont-ils en rapport avec les principes établis ci-dessus ? En quoi s'en éloignent-ils ? Que faudrait-il faire pour les y ramener ?

Quelles sont les rotations les plus employées ? Avantages et inconvénients de chacune d'elles.

Questions à faire sur chaque lecture.

Défrichement ; assainissement. — 86e lecture. — Défrichement des bois ; travaux à faire ; culture du terrain défriché ; récoltes qui lui conviennent ; amendements.

87e lecture. — Mise en valeur des terrains incultes; savarts, friches, pâtis communaux, etc.—Travaux préparatoires; épierrement, écobuage. — Mise en culture.

88e lecture. — De la mise en valeur des terres incultes de la Champagne au moyen de plantations d'arbres résineux. — Dans quelles circonstances ce moyen doit-il être employé ?—De la plantation; conditions nécessaires à la réussite.

89e lecture. — Inconvénients des sols humides; nécessité de les assainir. — Différents modes d'assainissement : tranchées ouvertes, tranchées remplies de pierres ou de fascines, etc.; drainage.

90e lecture. — Drainage. — En quoi il consiste. — Ses effets. —Terres auxquelles il convient.

91e lecture. — Conditions d'un bon drainage; profondeur et espacement des drains ; pente. — Exécution du drainage.

92e lecture. — Prix de revient du drainage. — L'amélioration qui en résulte doit en payer le prix en peu d'années. — Calculs à ce sujet.

Applications. — Les sept dernières lectures peuvent donner lieu à des exercices nombreux et variés de calcul; nous conseillons de ne pas les négliger.

Questions à faire sur chaque lecture.

Des animaux domestiques. — 93e lecture. — Des bestiaux. — Des bêtes de travail : chevaux et bœufs. — Des bestiaux de rente destinés à transformer en valeur vénale les produits de l'exploitation. — Considérations générales.

94e lecture. — Hygiène des animaux. — Du soin à donner aux étables, écuries et bergeries sous le rapport hygiénique. — Ventilation.

95e lecture. — Des chevaux.

96e lecture. — Des bêtes bovines.

97e lecture. — Des bêtes ovines.

98e lecture. — Des porcs.

99e lecture. — De la basse-cour : volaille, lapins, pigeons, etc.

100e lecture. — Abeilles. — Rucher, essaims, ruches. Produits en miel et en cire. — Hivernage.

101e lecture. — Des machines agricoles et de leur avantage au point de vue de la célérité des travaux, et pour remplacer les bras qui font souvent défaut.

102e lecture. — Batteuses-faucheuses, faneuses, râteau à cheval, semoir, etc.

103e lecture. — Résumé concernant les travaux agricoles proprement dits.

Questions à faire sur chaque lecture.

De la vigne. — 104e lecture. — De la vigne. — Lieux où elle peut être cultivée. — Terrain auquel elle convient. — Exposition.

105e lecture. — Plantation de la vigne. — Préparation du sol, défonçage. — Engrais, quantité de plants par are.

106e lecture. — Pépinières. — Crossettes, marcottes, boutures. — Choix du plant. Amélioration par la greffe.

107e lecture. — Soins et cultures à donner aux jeunes plantes pendant les premières années. — Prix de revient d'une vigne à quatre ans. — Calculs à ce sujet.

108e lecture. — Taille de la vigne, bêchage, provignage et autres façons.

109e lecture. — Fumure et amendement de la vigne, diverses substances fertilisantes convenant à la vigne. — Mode d'emploi.

110e lecture. — Maladie de la vigne : Oïdium. — Soufrage.

111e lecture. — Insectes ennemis de la vigne : Pyrale, atelabe, eumolpe. — Destruction.

112e lecture. — Vendange et fabrication du vin.

113e lecture. — Soins à donner au vin dans les celliers et dans les caves.

114e lecture. — Utilisation des marcs, distillation, engrais, mottes, etc.

115e lecture. — Des treilles. — Choix des plants, conduite et entretien.

Questions à faire sur chaque lecture.

Arboriculture. — 116e lecture. — Avantages et agréments d'un jardin. — Etablissement d'un jardin, travaux préparatoires, distribution, défoncement, engrais et amendements.

117e lecture — Pépinières. — Choix des arbres des diverses espèces. — Plantation. — Soins à leur donner.

118e lecture. — De la greffe. — Différentes espèces de greffe. — Manière d'opérer. — Soins à prendre pour assurer le succès.

119e lecture. — Taille des arbres. — En quoi elle consiste. — Principes sur lesquels elle repose. — Taille particulière de chaque espèce d'arbres.

120e lecture. — De la bonne conduite, de l'ordre et de l'économie, conditions essentielles de la réussite en agriculture.

Questions à faire sur chaque lecture.

TABLE DES MATIÈRES.

OUVRAGES ÉLÉMENTAIRES

RELATIFS A L'ENSEIGNEMENT AGRICOLE ET HORTICOLE.

Agriculture et Jardinage, à l'usage des écoles, par *M. Gillet-Damitte*, inspecteur de l'instruction primaire (Bibliothèque usuelle, nº 17) : 2e édition; in-18, *avec gravures*, *br*. 20 c., *cart*. 25 c.

Leçons élémentaires d'Agriculture, par *M. Ysabeau*, agronome : 4e édition; in-12, *avec gravures dans le texte*, *cart*. 2 f.

Leçons élémentaires d'Horticulture, par *M. Ysabeau*, agronome : 4e édition; in-12, *avec gravures*, *cart*. 1 f. 50 c.

Leçons primaires d'Arpentage, par *M. Gillet-Damitte*, inspecteur de l'instruction primaire : 2e édition; 1 vol. in-12, en trois parties, *figures*, *cart*. 3 f.

Le Père Éloi, ou les Causeries d'un vieux laboureur sur l'agriculture et l'histoire naturelle, par *M. Ysabeau*, agronome; 1 vol. in-12, *cart*. 1 f. 25 c.

Manuel d'Histoire Naturelle, par *M. J. Langlebert*, professeur de sciences physiques et naturelles à Paris : 16e édition; 1 vol. in-12, *avec* 300 *gravures dans le texte*, *br*. 3 f. 50 c.

Manuel de Chimie, par *M. J. Langlebert* : 16e édition; 1 fort vol. in-12, *avec* 125 *gravures dans le texte*, *br*. 3 f. 50 c.

Manuel de Physique, par *M. J. Langlebert* : 16e édition; 1 fort vol. in-12, *avec* 250 *gravures dans le texte*, *br*. 3 f. 50 c.

Notions d'Histoire Naturelle applicables aux usages de la vie, par *M. Henri Regodt*, ancien professeur; 1 vol. in-12, *avec gravures dans le texte*, *cart*. » f.

Notions de Chimie applicables aux usages de la vie, par *M. Honoré Regodt*, ancien professeur à l'association philotechnique de Paris : 7e édition; in-12, *avec* 42 *gravures dans le texte*, *cart*. 1 f. 50 c.

Notions de Physique applicables aux usages de la vie, par *M. Honoré Regodt* : 8e édition; in-12, *avec* 174 *gravures dans le texte*, *cart*. 2 f.

Petite Agriculture des Écoles, suivie de notions d'Horticulture, simples leçons sur la culture des champs et des jardins et leurs principaux produits, par *M. le docteur Saucerotte*; in-18, *avec gravures dans le texte*, *cart*. 75 c.

Petite Histoire Naturelle des Écoles, simples leçons sur les minéraux, les plantes et les animaux, par *M. le docteur Saucerotte* : 5e édition; in-18, *avec gravures dans le texte*, *cart*. 75 c.

Petite Physique des Écoles, simples leçons sur les applications de cette science aux usages de la vie, par *M. le docteur Saucerotte* : 5e édition; in-18, *avec gravures dans le texte*, *cart*. 75 c.

Petite Hygiène des Écoles, simples leçons sur les soins que réclame la conservation de la santé, par *M. le docteur Saucerotte* : 5e édition; in-18, *cart*. 75 c.

www.ingramcontent.com/pod-product-compliance
Lightning Source LLC
LaVergne TN
LVHW011955160826
845678LV00002B/558

* 9 7 8 2 3 2 9 6 8 0 9 4 1 *